die Buchreihe zur website

mathetreff-online
www.mathetreff-online.de

Bruchrechnen
einfach erklärt

Hallo!
Ich bin Mady und lerne mit dir das Bruchrechnen. Ich wünsche dir viel Spaß beim Lernen und Üben!

Dieses Buch gehört:
_____

Copyright © Christian Hensel (»Chris« – mathetreff-online.de-Team)

Dieses Buch darf ohne die schriftliche Genehmigung des Autors weder ganz noch teilweise kopiert, fotokopiert, reproduziert, übersetzt oder in elektronische oder maschinenlesbare Form konvertiert werden. Der Benutzer darf dieses Buch weder ganz noch teilweise für andere Zwecke drucken, reproduzieren, weitergeben oder weiterverkaufen. Dies gilt insbesondere für kommerzielle Zwecke, wie den Verkauf von Kopien dieses Buches.

Der Autor übernimmt keine Haftung für die Vollständigkeit und Richtigkeit. Irrtümer vorbehalten.

2. Auflage: 22.07.19

ISBN: 9783738636727

Herstellung und Verlag: Books on Demand GmbH, Norderstedt

Inhaltsverzeichnis

1. Vorwort 3
2. Was ist ein Bruch? 4
   - 2.1. Die untere Zahl – der Nenner 6
   - 2.2. Die obere Zahl – der Zähler 8
   - 2.3. Die Linie dazwischen – der Bruchstrich 11
3. Brüche optisch verändern 13
   - 3.1. Größer, aber doch gleich – Erweitern 13
   - 3.2. Kleiner, aber doch gleich – Kürzen 15
   - 3.3. Alle sind gleich – Hauptnenner suchen 19
4. Rechnen mit Brüchen 26
   - 4.1. Addition von Brüchen 26
   - 4.2. Subtraktion von Brüchen 34
   - 4.3. Multiplikation von Brüchen 41
   - 4.4. Division von Brüchen 46
   - 4.5. Brüche vergleichen 50
   - 4.6. Brüche quadrieren 54
5. Besondere Brüche 56
   - 5.1. Stammbruch und Zweigbruch 56
   - 5.2. Gleichnamige Brüche 57
   - 5.3. Scheinbruch 58
   - 5.4. Unechter Bruch 59
   - 5.5. Gemischter Bruch 60
   - 5.6. Doppelbruch 62
   - 5.7. Dezimalbruch 65
   - 5.8. periodischer Dezimalbruch 66
6. Übungsaufgaben 67
7. Lösungen 79
8. Stichwortverzeichnis 99
   - Über die Website 100

1. Vorwort

Hallo,   *Sersheim, im Juli 2019*

Vielen Dank für den Kauf dieses Buches.

Mit der eigenen Buchreihe zur Website geht das mathetreff-online-Team einen Schritt weiter und kombiniert das Lernen online und offline zu einem Gesamtpaket. Angefangen als Hobby zweier Realschüler im Großraum Stuttgart wurde aus der kleinen Homepage bis heute ein wachsendes Portal – eine feste Größe innerhalb der Nische „Mathe lernen im Internet".

Die Website wurde damals im Jahr 2000 ins Leben gerufen, um den oft trockenen Lernstoff des Faches Mathematik für unsere Mitschüler und uns selbst aufzubereiten. Eben nur auf moderne Art und Weise, gemixt mit einer ordentlichen Portion Spaß. Auch wenn wir mittlerweile keine Schüler mehr sind und fest im (nicht akademischen) Berufsleben stehen, hat sich an diesem Grundgedanken nichts geändert.

Anhand der vielen Feedbacks versuchen wir ständig, die Website an die Bedürfnisse unserer Besucher anzupassen. Mehr über die Website findest du am Ende dieses Buches. Auch für dieses Buch wünschen wir uns konstruktive Rückmeldungen. Über die Positiven freuen wir uns natürlich besonders ☺!

Du erreichst uns per E-Mail ✉ (buch@mathetreff-online.de), über Facebook f (www.facebook.com/mathetreffonline), über Twitter 🐦 (@mathetreffonlin – das „e" am Ende von „mathetreffonline" wollte Twitter nicht hergeben ☺).

Wenn dir dieses Buch besonders gut gefällt, empfehle es doch deinen Freunden, Mitschülern, Eltern oder auch deinen Lehrern weiter! Falls du in den sozialen Netzwerken aktiv bist, like 👍 uns doch auf Facebook und/oder folge uns auf Twitter.

Viel Spaß mit dem Buch wünschen dir die Gründer von mathetreff-online

Philipp „Phil" Schrenk und Christian „Chris" Hensel

2. Was ist ein Bruch?

Brüche begegnen dir im Alltag überall, ohne dass es dir so richtig bewusst wird. Eine Schulstunde dauert eine *dreiviertel* Stunde oder du hast schon einmal eine *viertel* Stunde auf die nächste Straßenbahn gewartet. Zum Backen brauchst du manchmal ein *achtel* Liter Milch. Nach der *Hälfte* eines Fußballspiels beginnt die 2. Halbzeit. Oder du wunderst dich, weil schon wieder zwei *Drittel* der Sommerferien vorbei sind.

Ein Bruch entsteht, wenn ein Ganzes in mehrere Teile zerschnitten, zerbrochen oder zersägt wird. Wenn du eine Tafel Schokolade in die einzelnen Riegel teilst oder einen Apfel in der Mitte durchschneidest, jedes Mal erhältst du mehrere Teile, die Brüche genannt werden. Ein Bruch stellt somit einen Anteil an einem Ganzen dar, der kleiner als 1 ist.

So entsteht ein Bruch:	So sieht es aus:
Hier ist eine ganze Schokoladentorte. Sie besteht aus **1 Stück** und stellt das **Ganze** dar.	1 Stück
1. Du möchtest gerne ein Stück Torte essen. Nur ist dir diese ganze Torte zu viel. Daher schneidest du sie einmal in der Mitte durch.	
2. Es entstehen dabei **2 Stücke**, die gleich groß sind. Die einzelnen Stücke sind kleiner als die ganze Torte. Da nun 2 gleich große Stücke vorhanden sind, nennt man jedes Stück eine **Hälfte**.	2 Stücke (Hälfte)

So entsteht ein Bruch:	So sieht es aus:
3. Diese Stücke sind dir immer noch zu groß. Daher schneidest du diese beiden Stücke bzw. Hälften noch einmal in der Mitte durch.	
4. Es entstehen dabei **4 Stücke**, die wieder gleich groß sind. Die einzelnen Stücke sind dabei wieder kleiner als ein Hälften-Stück. Da nun 4 gleich große Stücke vorhanden sind, nennt man jedes Stück ein **Viertel**.	4 Stücke (Viertel)
5. Diese 4 Stücke bzw. Viertel sind dir immer noch zu groß. Daher schneidest du sie noch einmal in der Mitte durch.	
6. Es entstehen dabei **8 Stücke**, die wieder gleich groß sind. Die einzelnen Stücke sind wieder kleiner als ein Viertel-Stück. Da nun 8 gleich große Stücke vorhanden sind, nennt man jedes Stück ein **Achtel**.	8 Stücke (Achtel)

> Ein Bruch entsteht, wenn ein Ganzes in mehrere gleich große Teile geteilt wird. Ein solches (Bruch-)Stück stellt somit einen Anteil am Ganzen dar. Je öfters du teilst, desto kleiner werden die Stücke.

2.1. Die untere Zahl – der Nenner

In der Mathematik besteht ein Bruch aus zwei Zahlen, die durch einen Bruchstrich getrennt sind. Die untere Zahl in einem Bruch heißt **Nenner**. Er gibt an, in wie viele **gleich große Teile** das Ganze geteilt wurde. Je größer diese Zahl ist, desto öfter wurde geteilt (umso kleiner werden die einzelnen Teile). Steht z. B. eine 4 im Nenner, wurde ein Ganzes in 4 gleich große Teile geteilt, bei einer 8 im Nenner wurde ein Ganzes in 8 gleich große Teile geteilt. Lautet der Nenner 25, so wurde es in 25 gleich große Teile geteilt.

Der Nenner gibt dem Bruch übrigens seinen Namen, er benennt ihn. Daher auch der Ausdruck Nenner. Du hängst einfach beim Sprechen ein »*tel*« bzw. »*stel*« an die Zahl und schon kannst du den Nenner richtig aussprechen. Steht im Nenner eine 4, so sind es Vier*tel*, steht dort eine 8, so sind es Ach*tel*. Bei einer 25 im Nenner sind es eben Fünfundzwanzig*stel*. Nur bei der 2 und bei der 3 gibt es eine Ausnahme, diese Brüche heißen *Hälfte* (und nicht Zwei*tel*) bzw. *Drittel* (und nicht Drei*tel*).

So entsteht ein Nenner:	So sieht es aus:
Hier ist **eine ganze** Schokoladentorte. Da nur 1 Stück vorhanden ist, beträgt der Nenner (die untere Zahl des Bruches) 1.	es ist 1 Stück vorhanden
1. Du möchtest gerne ein Stück Torte essen. Nur ist dir diese ganze Torte zu viel. Daher schneidest du sie einmal in der Mitte durch.	
2. Es entstehen dabei **2 Stücke**, die gleich groß sind. Da nun 2 gleich große Stücke vorhanden sind, beträgt der Nenner 2 (die untere Zahl des Bruches). Jedes Stück wird eine **Hälfte** genannt.	es wurde in 2 gleich große Stücke geteilt

So entsteht ein Nenner:	So sieht es aus:
3. Diese Stücke sind dir immer noch zu groß. Daher schneidest du diese beiden Stücke bzw. Hälften noch einmal in der Mitte durch.	
4. Es entstehen dabei 4 Stücke, die gleich groß sind. Da nun 4 gleich große Stücke vorhanden sind, beträgt der Nenner 4 (die untere Zahl des Bruches). Jedes Stück wird ein Viertel genannt.	$\frac{?}{4}$ es wurde in 4 gleich große Stücke geteilt
5. Diese 4 Stücke bzw. Viertel sind dir immer noch zu groß. Daher schneidest du sie noch einmal in der Mitte durch.	
6. Es entstehen dabei 8 Stücke, die gleich groß sind. Da nun 8 gleich große Stücke vorhanden sind, beträgt der Nenner 8 (die untere Zahl des Bruches). Jedes Stuck wird ein Achtel genannt.	$\frac{?}{8}$ es wurde in 8 gleich große Stücke geteilt

Hier hast du weitere Beispiele: Die Schokoladentorte wird nun einmal in 3, 5 und in 12 gleich große Stücke geschnitten.

So entsteht ein Nenner:	So sieht es aus:
Die Schokoladentorte wurde in 3 Stücke geschnitten, die alle gleich groß sind. Da nun 3 gleich große Stücke vorhanden sind, beträgt der Nenner 3 (die untere Zahl des Bruches). Jedes Stück wird ein Drittel genannt.	$\frac{?}{3}$ es wurde in 3 gleich große Stücke geteilt

So entsteht ein Nenner:	So sieht es aus:
Die Schokoladentorte wurde in **5 Stücke** geschnitten, die alle gleich groß sind. Da nun 5 gleich große Stücke vorhanden sind, beträgt der Nenner **5** (die untere Zahl des Bruches). Jedes Stück wird ein **Fünftel** genannt.	es wurde in 5 gleich große Stücke geteilt
Die Schokoladentorte wurde in **12 Stücke** geschnitten, die alle gleich groß sind. Da nun 12 gleich große Stücke vorhanden sind, beträgt der Nenner **12** (die untere Zahl des Bruches). Jedes Stück wird ein **Zwölftel** genannt.	es wurde in 12 gleich große Stücke geteilt

Du stellst fest, je größer die Zahl im Nenner, desto kleiner werden die einzelnen Stücke bzw. umso kleiner wird der Anteil, da in mehr gleich große Teile geteilt wurde. Wenn du die Torte immer weiter teilst, werden die Stücke immer kleiner, bis du irgendwann nur noch Krümel hast...

> Die untere Zahl in einem Bruch heißt Nenner und gibt an, in wie viele gleich große Teile ein Ganzes geteilt wurde. Je größer diese Zahl ist, desto öfter wurde geteilt (und umso kleiner werden die einzelnen Teile).

2.2. Die obere Zahl - der Zähler

Bislang hast du immer nur eine Schokoladentorte in gleichmäßige Stücke geteilt. Mit diesen Stücken kannst du allerhand machen. Du kannst welche wegnehmen oder sie aufessen. Die Stücke, die du anschließend noch hast, kannst du alle zählen. Daher wird die obere Zahl eines Bruches, die Zahl über dem Bruchstrich, **Zähler** genannt. Sie gibt an, **wie viele Stücke noch vorhanden sind**. Je größer diese Zahl ist, desto mehr

ist noch vorhanden. Steht beispielsweise eine 2 im Zähler, so sind noch 2 Stücke da, bei einer 8 sind noch 8 Stücke da und bei einer 15 im Zähler sind noch 15 Stücke da.

Anders wie beim Nenner (der unteren Zahl) musst du beim Sprechen nichts an die Zahl anhängen. Steht im Zähler eine 3, so wird sie auch als „drei" ausgesprochen, steht dort eine 9, so wird sie „neun" ausgesprochen.

So entsteht ein Zähler:	So sieht es aus:
Die Schokoladentorte wurde in **5 Stücke** geschnitten (daher beträgt der Nenner des Bruches 5). Die noch vorhandene Anzahl an Stücke wird Zähler genannt und über den Nenner geschrieben. Es sind noch **5** der 5 Stücke da. Der Zähler beträgt wie der Nenner jeweils 5. Als Bruch wird das $\frac{5}{5}$ geschrieben und stellt somit ein Ganzes (1; nämlich die ganze Schokoladentorte) dar.	es sind noch 5 Stücke vorhanden $\frac{5}{5}$ es wurde in 5 gleich große Stücke geteilt
1. Ein Stück wurde gegessen. Der **Zähler** beträgt jetzt **4** (da noch 4 der ursprünglich 5 Stücke vorhanden sind). Der Nenner bleibt 5, denn es wurde in 5 Stücke geteilt. Als Bruch wird das $\frac{4}{5}$ geschrieben und „vier Fünftel" gesprochen.	es sind noch 4 Stücke vorhanden $\frac{4}{5}$ es wurde in 5 gleich große Stücke geteilt
2. Inzwischen wurden 3 Stücke gegessen. Der **Zähler** beträgt jetzt **2** (da noch 2 der ursprünglich 5 Stücke vorhanden sind). Der Nenner bleibt 5, denn es wurde in 5 Stücke geteilt. Als Bruch wird das $\frac{2}{5}$ geschrieben und „zwei Fünftel" gesprochen.	es sind noch 2 Stücke vorhanden $\frac{2}{5}$ es wurde in 5 gleich große Stücke geteilt

Auf der nächsten Seite zeige ich dir weitere Beispiele für Brüche.

2. Was ist ein Bruch? – Die obere Zahl – der Zähler

So entsteht ein Zähler:	So sieht es aus:
Diese Schokoladentorte wurde in **3 Stücke** geschnitten, die alle gleich groß sind. Der **Nenner** des Bruches beträgt somit **3**. Von diesen 3 Stücken sind noch **2 Stücke** vorhanden. Der **Zähler** beträgt **2**. Als Bruch wird das $\frac{2}{3}$ geschrieben und „zwei Drittel" gesprochen.	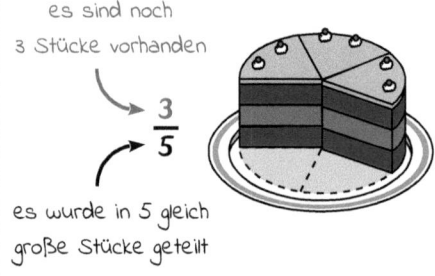
Diese Schokoladentorte wurde in **5 Stücke** geschnitten, die alle gleich groß sind. Der **Nenner** des Bruches beträgt somit **5**. Von diesen 5 Stücken sind noch **3 Stücke** vorhanden. Der **Zähler** beträgt **3**. Als Bruch wird das $\frac{3}{5}$ geschrieben und „drei Fünftel" gesprochen.	
Diese Schokoladentorte wurde in **12 Stücke** geschnitten, die alle gleich groß sind. Der **Nenner** des Bruches beträgt somit **12**. Von diesen 12 Stücken sind noch **5 Stücke** vorhanden. Der **Zähler** beträgt **5**. Als Bruch wird das $\frac{5}{12}$ geschrieben und „fünf Zwölftel" gesprochen.	

Du stellst fest, je größer die Zahl im Zähler, umso mehr Stücke hast du noch bzw. umso größer ist der noch vorhandene Anteil. Wenn du immer mehr Stücke isst, wird der Anteil immer kleiner, bis die ganze Torte aufgegessen ist...

Bei einem gewöhnlichen (echten) Bruch steht im Nenner immer eine größere Zahl als im Zähler. Es können ja schlecht mehr Stücke da sein, als geteilt wurde. Wenn du eine Schokoladentorte in 6 Stücke teilst und es sind noch 7 davon da, stimmt etwas nicht. Solche Brüche gibt es aber trotzdem. Mehr über sie erfährst du im Kapitel 5.4 Unechter Bruch auf Seite 59. Wenn der Wert im Zähler gleich dem Wert im Nenner ist, so handelt es sich um einen Scheinbruch (Kapitel 5.3 auf Seite 58). Der Anteil, den dieser Bruch darstellt, ist 1 Ganzes. Denn wenn du 8 von 8 Tortenstücke hast, hast du alles (das Ganze).

Die obere Zahl in einem Bruch nennt man Zähler und sie gibt an, wie viele Stücke noch da sind. Je größer diese Zahl ist, desto mehr Anteile sind vorhanden.

2.3. Die Linie dazwischen – der Bruchstrich

Zwischen dem Zähler (der oberen Zahl) und dem Nenner (der unteren Zahl) befindet sich eine gerade Linie, der **Bruchstrich**. Da du jeden Bruch auch als Division schreiben kannst, entspricht der Bruchstrich dem Divisionszeichen (:).

Der Bruchstrich ist immer ein kleines Stückchen länger als die längste Zahl im Bruch. Obwohl der Bruchstrich eine gerade Linie ist, musst du ihn nicht exakt mit dem Lineal oder Geodreieck zeichnen. Eine einfache gerade Linie mit der Hand gezeichnet reicht aus und geht zudem viel schneller. Er befindet sich immer in Höhe des Gleichheitszeichens. Zudem wird der Bruchstrich nicht gesprochen, er dient nur der Darstellung. Es wird, wie du bereits gelernt hast, nur der Zähler und der Nenner gesprochen. Je nach Wert sind es z. B. drei Viertel, fünf Achtel, elf Zwanzigstel und so weiter.

Der Zähler entspricht dabei dem Dividend (1. Zahl der Division), der Nenner dem Divisor (2. Zahl der Division) und der Bruchstrich entspricht dem Divisionszeichen (:). Wenn du einen Bruch ausrechnen willst, dann musst du nur den Zähler (obere Zahl) durch den Nenner (untere Zahl) teilen. Man nennt diesen Vorgang auch den Bruch als Dezimalzahl (eine Zahl mit einem Komma) darstellen.

So schreibst du einen Bruch als Division:	So sieht es aus:
Dieser Bruch soll als Division geschrieben werden.	$\frac{3}{4}$
1. Da der Bruchstrich dem Divisionszeichen (:) entspricht, **dividiere den Zähler** (die obere Zahl 3) **durch den Nenner** (die untere Zahl 4).	$\frac{3}{4}$ → $3 : 4 =$

So schreibst du einen Bruch als Division:	So sieht es aus:
2. Berechne die Division: **3 : 4 = 0,75**. Du erhältst eine Zahl, die kleiner als 1 ist. Das bedeutet, der Bruch $\frac{3}{4}$ stellt 0,75 eines Ganzen (1) dar.	$\frac{3}{4}$ → 3 : 4 = 0 , 7 5 −0 30 −28 20 −20 0

Hier wird die Rechnung anschaulich dargestellt:

So wird aus einem Bruch eine Dezimalzahl:	So sieht es aus:
1. Eine ganze Schokoladentorte wurde in 4 gleich große Stücke geschnitten. Jedes Stück ist $\frac{1}{4}$ (ein Viertel) der gesamten Torte. Als Rechnung mit Zahlen schreibst du das so: 1 (Torte) : 4 (Stücke) = 0,25. Das bedeutet, ein Stück Torte, also jedes Viertel, ist 0,25 der gesamten Torte.	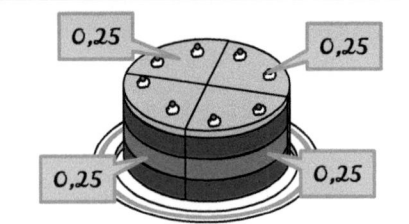
2. 3 von diesen Viertel-Stücken hast du noch. Du rechnest also 0,25 + 0,25 + 0,25 = 0,75 (bzw. 3 · 0,25 = 0,75), da jedes Viertel-Stück 0,25 der gesamten Torte darstellt. Du hast nun 0,75 oder eben $\frac{3}{4}$ der gesamten Torte.	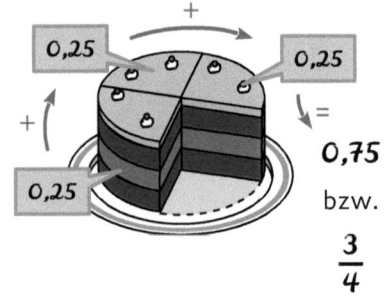

Die Zahl im Nenner (untere Zahl) darf niemals 0 sein. Du kannst jeden Bruch auch als Division schreiben und Divisionen durch Null sind nicht zulässig.

3. Brüche optisch verändern

Brüche haben die Eigenschaft, dass du nur deren Aussehen (die Zahlen) ändern kannst, ohne dass sich der eigentliche Wert des Bruches verändert.

3.1. Größer, aber doch gleich – Erweitern

Beim Erweitern werden der Zähler und der Nenner eines Bruches mit der **gleichen Zahl multipliziert**. Dabei wird nur das Aussehen (die Zahlen) des Bruches geändert, der eigentliche Wert des Bruches verändert sich dabei nicht. Das Erweitern wird dazu verwendet, um Brüche **gleichnamig** zu machen. Dies ist wichtig, da du nur gleichnamige Brüche, das sind Brüche mit dem gleichen Nenner, addieren bzw. subtrahieren oder vergleichen kannst. Durch das Erweitern werden die unterschiedlichen Nenner auf ein gleiches, gemeinsames Vielfache gebracht.

So erweiterst du einen Bruch:	So sieht es aus:
Dieser Bruch soll mit **3** erweitert werden.	$\frac{3}{4}$
1. Dazu multiplizierst du den Zähler **und** den Nenner mit der gleichen Zahl, hier mit der **3**. Verlängere den Bruchstrich und schreibe jeweils · 3 hinter die Werte.	$\frac{3 \cdot 3}{4 \cdot 3}$
2. Zuerst berechnest du den Zähler: $3 \cdot 3 = 9$.	$\frac{3 \cdot 3}{4 \cdot 3} = \frac{9}{}$
3. Anschließend berechnest du den Nenner: $4 \cdot 3 = 12$.	$\frac{3 \cdot 3}{4 \cdot 3} = \frac{9}{12}$
4. Du erhältst nach dem Erweitern den Bruch $\frac{9}{12}$. Damit beschreibt $\frac{9}{12}$ den selben Anteil wie $\frac{3}{4}$.	$\frac{9}{12} = \frac{3}{4}$

Folgende Abbildung verdeutlicht es:

So erweiterst du einen Bruch:	So sieht es aus:
Diese Schokoladentorte wurde in 4 gleich große Stücke geschnitten. Jedes Stück entspricht $\frac{1}{4}$ der gesamten Schokoladentorte. Von diesen 4 Stücken sind noch 3 Stücke da (das entspricht $\frac{3}{4}$ der gesamten Schokoladentorte).	$\frac{3}{4}$
1. Der Bruch wird nun **mit 3 erweitert**. Das kannst du dir so vorstellen: Du schneidest jedes Stück, also jedes Viertel, in 3 kleinere Stücke, die auch wieder alle gleich groß sind.	
2. Hier befindet sich die Schokoladentorte nach dem Erweitern: Sie wurde nun in 3 mal mehr Stücke geschnitten, also $3 \cdot 3 = 9$ Stücke. Der Zähler beträgt nun **9**.	$\frac{9}{\_}$
3. Der Nenner hat vor dem Erweitern den Wert 4. Auch er wird mit 3 multipliziert und beträgt nun **12** ($4 \cdot 3 = 12$). Jedes Stück entspricht $\frac{1}{12}$ der gesamten Schokoladentorte. Da noch 9 der 12 Stücke da sind, lautet der erweiterte Bruch $\frac{9}{12}$.	$\frac{9}{12}$

Wie du siehst, ändert sich nichts an dem Wert des Bruches: Es sind zwar jetzt mehr Stücke, aber dafür sind sie dünner. Es ist von der Torte jedoch nichts weg- noch hinzugekommen. Der Anteil ist immer noch derselbe.

> Erweitern verändert nur das zahlenmäßige Aussehen des Bruches. Die Zahlen im Zähler und Nenner werden im gleichen Verhältnis größer. Der eigentliche Wert des Bruches bleibt dabei erhalten.

3.2. Kleiner, aber doch gleich – Kürzen

Beim Kürzen werden der Zähler und der Nenner eines Bruches mit der **gleichen Zahl dividiert**. Dabei wird nur das Aussehen des Bruches geändert, der eigentliche Wert des Bruches bleibt erhalten.

Das Kürzen kannst du **jederzeit** anwenden. Durch das Kürzen werden die Zahlen im Bruch (sowohl im Zähler als auch im Nenner) kleiner. Und mit kleineren Zahlen rechnet es sich viel leichter. Versuche daher während du rechnest, die Brüche daraufhin zu untersuchen, ob du kürzen kannst. Vor allem im Ergebnis und wenn die Brüche große Zahlen aufweisen. Du wirst oft erstaunt sein, wie eine anfänglich schwierig aussehende Rechnung nach dem Kürzen plötzlich sehr einfach gelöst werden kann.

Bei vielen, meist einfachen Brüchen siehst du sofort, mit welcher Zahl du den Bruch kürzen kannst. Leichter fällt es dir auf jeden Fall, wenn du fit im Einmaleins bist. Wenn du, wie im nachfolgenden Beispiel, sofort siehst, mit welcher Zahl du Zähler und Nenner jeweils dividieren musst, kannst du es natürlich gleich tun und den neuen gekürzten Bruch berechnen. Ich zeige dir zuerst, wie du einen Bruch generell kürzt.

So kürzt du einen Bruch:	So sieht es aus:
Dieser Bruch soll gekürzt werden.	$\dfrac{9}{12}$
1. Bist du fit im Einmaleins, siehst du, dass sich der Zähler und der Nenner jeweils durch 3 teilen lassen. Du kannst den Bruch daher mit **3** kürzen. Verlängere den Bruchstrich und schreibe jeweils **: 3** hinter die Werte.	$\dfrac{9 : 3}{12 : 3}$
2. Zuerst berechnest du den Zähler: **9 : 3 = 3**.	$\dfrac{9 : 3}{12 : 3} = \dfrac{3}{}$
3. Anschließend berechnest du den Nenner: **12 : 3 = 4**.	$\dfrac{9 : 3}{12 : 3} = \dfrac{3}{4}$
4. Du erhältst nach dem Kürzen den Bruch $\tfrac{3}{4}$. Damit beschreibt $\tfrac{3}{4}$ den selben Anteil wie $\tfrac{9}{12}$.	$\dfrac{3}{4} = \dfrac{9}{12}$

Wenn du innerhalb einer Rechnung einen Bruch kürzt, musst du nicht extra den Bruchstrich verlängern und das Divisionszeichen hinschreiben. Es reicht hierbei aus, wenn du die Zahlen, die du kürzt, durchstreichst und die neue gekürzte Zahl kleiner daneben schreibst. Anstelle von $\frac{9:3}{12:3} = \frac{3}{4}$ kannst du auch $\frac{9\ ^3}{12\ _4}$ schreiben. So bleibt die Rechnung weiterhin übersichtlich.

Was passiert beim Kürzen? Folgende Abbildung verdeutlicht es:

So kürzt du einen Bruch:	So sieht es aus:
Diese Schokoladentorte wurde in 12 gleich große Stücke geschnitten. Jedes Stück entspricht $\frac{1}{12}$ der gesamten Schokoladentorte. Von diesen 12 Stücken sind noch 9 Stücke da (entspricht $\frac{9}{12}$ der gesamten Schokoladentorte).	$\frac{9}{12}$
1. Die Schokoladentorte wird nun **mit 3 gekürzt**. Das kannst du dir so vorstellen: Du stellst immer 3 Tortenstücke zu einer Gruppe zusammen.	
2. Hier befindet sich die Schokoladentorte nach dem Kürzen: Es sind nun 3 Gruppen mit je 3 Stücken entstanden (9 : 3 = 3). Der Zähler beträgt nun **3**.	$\frac{3}{?}$
3. Der Nenner hatte vor dem Kürzen den Wert 12. Auch er wird mit 3 dividiert und beträgt nach dem Kürzen **4** (12 : 3 = 4). Jedes Stück entspricht also $\frac{1}{4}$ der gesamten Schokoladentorte. Da noch 3 der 4 Stücke da sind, lautet der gekürzte Bruch $\frac{3}{4}$.	$\frac{3}{4}$

Wie du siehst, ändert sich nichts an dem Wert des Bruches: Es sind zwar jetzt weniger Stücke, aber dafür sind sie dicker. Es ist von der Torte jedoch nichts weg- noch hinzugekommen. Der Anteil ist immer noch der selbe.

> Kürzen verändert nur das zahlenmäßige Aussehen des Bruches. Die Zahlen im Zähler und Nenner werden im gleichen Verhältnis kleiner. Der eigentliche Wert des Bruches bleibt dabei erhalten.

Du hast es jedoch nicht immer mit so einfachen Brüchen wie $\frac{9}{12}$ zu tun, bei denen du auf den ersten Blick siehst, mit welcher Zahl du Zähler und Nenner kürzen kannst. Wenn du Brüche hast, bei denen die Zahlen dreistellig oder noch größer sind oder du auch bei kleineren Zahlen nicht darauf kommst, mit welcher Zahl zu kürzen ist, kannst du nach dem **größten gemeinsamen Teiler** (ggT) von Zähler und Nenner suchen. Da diese Zahl sowohl im Zähler wie auch im Nenner vorkommt, lässt sich der Bruch damit auf die kleinsten möglichen Zahlen kürzen.

Um diesen größten gemeinsamen Teiler zu finden, kannst du den »**Euklidischen Algorithmus**« anwenden. Dieser Algorithmus wurde nach dem griechischen Mathematiker Euklid (3. Jahrhundert v. Chr.) benannt, der ihn zum ersten Mal beschrieben hat. Dividiere dazu den Nenner ganzzahlig durch den Zähler. Bei einer ganzzahligen Division dividierst du eine Zahl nur solange, wie sie ganz in die Zahl passt. Passt sie nicht, erhältst du hierbei einen Rest. Das Ergebnis wird hierbei nicht in eine Dezimalzahl mit Komma umgewandelt. Dividierst du 8 ganzzahlig durch 3, so passt die 3 zweimal in die 9 (2 · 3 = 6). Es bleibt dann noch einen Rest von 8 - 6 = 2 übrig. Geht die Division genau auf, kannst du mit den Zähler den Bruch kürzen. In der Regel erhältst du dabei jedoch einen Rest. Subtrahiere nun diesen Rest vom Zähler. Nun vergleichst du den Rest der Division und die Differenz miteinander und dividierst den größeren Wert ganzzahlig durch den kleineren Wert.

Erhältst du dabei keinen Rest (Rest = 0), so ist der Rest von vorhin der größte gemeinsame Teiler. Mit dieser Zahl kannst du den Bruch kürzen. Erhältst du jedoch einen Rest, so haben der Zähler und der Nenner keinen größten gemeinsamen Teiler. Du kannst den Bruch nicht kürzen.

So kürzt du einen Bruch:	So sieht es aus:
Dieser Bruch soll gekürzt werden.	$\frac{63}{84}$
1. Um den größten gemeinsamen Teiler (ggT) zu finden, dividiere zuerst den Nenner ganzzahlig durch den Zähler: **84 : 63 = 1 Rest 21**.	84 : 63 = 1 Rest 21 − 63 21
2. Subtrahiere diesen Rest (21) vom Zähler (63): **63 − 21 = 42**.	63 − 21 = 42
3. Vergleiche den Rest (21) und die Differenz (42) miteinander und dividiere den größeren Wert ganzzahlig durch den kleineren: **42 : 21 = 2 Rest 0**.	42 : 21 = 2 Rest 0 − 42 0
4. Du erhältst keinen Rest (Rest = 0). Der Rest aus Schritt 1 ist der gesuchte größte gemeinsame Teiler (**21**). Mit dieser Zahl kannst du den Bruch kürzen.	$\frac{63 : 21}{84 : 21}$
5. Dividiere den Zähler durch den größten gemeinsamen Teiler (21): **63 : 21 = 3**.	$\frac{63 : 21}{84 : 21} = \frac{3}{}$
6. Dividiere auch den Nenner durch den größten gemeinsamen Teiler: **84 : 21 = 4**.	$\frac{63 : 21}{84 : 21} = \frac{3}{4}$
7. Der Bruch $\frac{63}{84}$ beschreibt den gleichen Anteil wie $\frac{3}{4}$.	$\frac{63}{84} = \frac{3}{4}$

Bislang ging alles auf und du konntest den Bruch weiter kürzen. Nachfolgend zeige ich dir einen Bruch, den du nicht weiter kürzen kannst. Die Vorgehensweise ist identisch, da du zu Beginn noch nicht weißt, dass du keine Zahl finden wirst. Du erhältst hierbei bei der zweiten Division einen Rest. Der Zähler und der Nenner haben somit keinen größten gemeinsamen Teiler. Du kannst den Bruch nicht weiter vereinfachen.

So kürzt du einen Bruch:	So sieht es aus:
Dieser Bruch soll gekürzt werden.	$\frac{63}{86}$
1. Um den größten gemeinsamen Teiler (ggT) zu finden, dividiere zuerst den Nenner ganzzahlig durch den Zähler: **86 : 63 = 1 Rest 23**.	86 : 63 = 1 Rest 23 − 63 23

So kürzt du einen Bruch:	So sieht es aus:
2. Subtrahiere diesen Rest (23) vom Zähler: 63 − 23 = 40.	63 − 23 = 40
3. Vergleiche den Rest (23) und die Differenz (40) miteinander und dividiere den größeren Wert ganzzahlig durch den kleineren: 40 : 23 = 1 Rest 17.	40 : 23 = 1 Rest 17 − 2 3 17
4. Du erhältst einen Rest (Rest = 17). Beide Zahlen haben keinen größten gemeinsamen Teiler. Du kannst den Bruch nicht kürzen.	$\frac{63}{86}$

Über das Finden des größten gemeinsamen Teilers kannst du einen Bruch schnell und einfach kürzen.

3.3. Alle sind gleich – Hauptnenner suchen

Wenn du zwei oder mehrere Brüche addieren oder subtrahieren willst, müssen sie gleichnamig sein, das heißt, sie müssen alle den **gleichen Nenner** haben. Auch beim Vergleichen von Brüchen kommst du ohne gleiche Nenner nicht weit. Diese gleichen Nenner werden als **Hauptnenner** bezeichnet und mit HN abgekürzt. Der Hauptnenner von mehreren Brüchen ist das kleinste gemeinsame Vielfache, das alle Nenner haben. Das bedeutet, der Hauptnenner ist eine Zahl, die du durch alle Nenner teilen kannst.

Wenn du einen Hauptnenner suchst, änderst du wie beim Kürzen und Erweitern nur das Aussehen des Bruches! Es ändert sich nur die Zahlen im Zähler und im Nenner. Der eigentliche Wert des Bruches bleibt erhalten. So bleibt der Wert des Bruches $\frac{1}{6}$ erhalten, auch wenn der Bruch später mit dem Hauptnenner $\frac{3}{18}$ heißt.

Viele Hauptnenner siehst du gleich auf den ersten Blick. Andere musst du erst suchen. Auch hier ist es von Vorteil, wenn du fit im Einmaleins bist. Bei der Suche nach dem Hauptnenner wendest du das Verfahren der **Primfaktorzerlegung** an, bei der du jeden Nenner in die so genannten **Primzahlen** zerlegst.

Exkurs: Primzahlen und Primfaktorzerlegung

Eine Primzahl ist eine besondere Zahl. Sie ist zum einen eine natürliche Zahl, also eine positive oder negative Zahl ohne Komma. Das macht sie aber noch nicht zu etwas Besonderem. Das Besondere an ihr ist, dass sie genau zwei natürliche Zahlen als ihre Teiler hat, nämlich 1 und sich selbst. Das heißt, sie ist nur durch 1 und sich selbst ganzzahlig (ohne Rest) teilbar. Hier ein kleines Beispiel zum Verständnis: Die Zahl 5 ist eine Primzahl, da sie nur durch 1 und sich selbst (also 5) ganzzahlig teilbar ist. Das werden wir uns jetzt mal genauer ansehen: Dividierst du 5 ganzzahlig durch 2, lautet das Ergebnis 5 : 2 = 2 Rest 1. Da ein Rest von 1 übrig bleibt, ist sie nicht ganzzahlig durch 2 teilbar. Dividierst du sie ganzzahlig durch 3, erhältst du 5 : 3 = 1 Rest 2. Da 2 übrig bleiben, ist sie auch nicht ganzzahlig durch 3 teilbar. Dividierst du sie ganzzahlig durch 4, lautet das Ergebnis 5 : 4 = 1 Rest 1. Da als Rest 1 übrig bleibt, ist sie auch nicht ganzzahlig durch 4 teilbar. Erst wenn du sie wieder durch 5 dividierst, kommt ein Rest von 0 heraus. Daher hat die Zahl 5 nur den Teiler 1 und 5. Die Zahl 6 ist dagegen keine Primzahl: 6 ist durch 2 ganzzahlig teilbar (6 : 2 = 3 Rest 0), ebenso durch 3 (6 : 3 = 2 Rest 0). Daher hat die Zahl 6 bereits mehrere Teiler als nur 1 und 6 und ist hiermit keine Primzahl mehr. Sie ist durch 1, 2, 3 und sich selbst (6) ganzzahlig teilbar. Die ersten Primzahlen lauten: 2, 3, 5, 7, 11, 13, 17, 19 usw.

Bei der Primfaktorzerlegung dividierst du die Zahl ganzzahlig durch die erste Primzahl (2). Erhältst du dabei keinen Rest (Rest = 0), ist diese Zahl ganzzahlig durch die erste Primzahl teilbar. Somit hast schon den ersten Teiler der Zahl gefunden: die 2! Dividiere nun den Quotient aus der letzten Division erneut durch die 1. Primzahl. Erhältst du dabei wieder keinen Rest, ist die erste Primzahl erneut einen Teiler der Zahl. Ist der Rest jedoch größer als 0, ist der letzte Quotient nicht mehr ganzzahlig durch die erste Primzahl teilbar. In diesem Fall dividierst du den letzten Quotient so lange durch die nächste Primzahl, bis auch sie nicht mehr ganzzahlig teilbar ist (Rest größer 0). Anschließend teilst du den letzten Quotient durch die nächste Primzahl usw. Bleibt am Schluss noch die Zahl 1 übrig, bist du mit der Primfaktorzerlegung fertig. Jede gefundene Primzahl stellt somit einen **Teiler** der Zahl dar.

Nun genug der vielen Worte, jetzt setzen wir das eben Gelernte an der Zahl 12 um:

So suchst du die Teiler (Primfaktoren) einer Zahl:	So sieht es aus:
Diese Zahl soll in ihre Teiler bzw. Primfaktoren zerlegt werden.	12
1. Dividiere die 12 zuerst durch die 1. Primzahl, die 2: $12 : 2 = 6$ Rest 0.	$12 : 2 = 6$ Rest 0
2. Du erhältst keinen Rest (Rest = 0), daher ist die 12 ganzzahlig durch 2 teilbar. Du hast damit bereits den ersten Teiler der Zahl 12 gefunden: die 2!	$12 \rightarrow 2$
3. Dividiere den Quotient der letzten Division (6) erneut durch die 1. Primzahl: $6 : 2 = 3$ Rest 0.	$6 : 2 = 3$ Rest 0
4. Du erhältst keinen Rest, daher ist die 6 ganzzahlig durch 2 teilbar. Du hast damit bereits den nächsten Teiler der Zahl 12 gefunden: noch einmal die 2!	$12 \rightarrow 2 \cdot 2$
5. Dividiere den Quotient der letzten Division (3) erneut durch die 1. Primzahl: $3 : 2 = 1$ Rest 1.	$3 : 2 = 1$ Rest 1
6. Du erhältst einen Rest von 1, daher ist die 3 nicht ganzzahlig durch 2 teilbar. Daher dividiere die 3 durch die 2. Primzahl, die 3: $3 : 3 = 1$ Rest 0.	$3 : 3 = 1$ Rest 0
7. Du erhältst keinen Rest, daher ist die 3 ganzzahlig durch 3 teilbar. Du hast damit bereits den nächsten Teiler der Zahl 12 gefunden: die 3!	$12 \rightarrow 2 \cdot 2 \cdot 3$
8. Übrig bleibt die 1, damit bist du mit der Primfaktorzerlegung fertig.	1
9. Die Zahl 12 besteht aus den Teilern $2 \cdot 2 \cdot 3$.	$12 \rightarrow 2 \cdot 2 \cdot 3$

Auf der nächsten Seite zeige ich dir ein schwieriges Beispiel mit der Zahl 70, auch wenn du nicht oft einen Bruch mit einem Nenner von 70 zerlegen musst. Es geht bei dem Beispiel vielmehr darum, dir noch einmal die Zerlegung in die einzelnen Primzahlen bzw. Primfaktoren zu zeigen.

So suchst du die Teiler (Primfaktoren) einer Zahl:	So sieht es aus:
Diese Zahl soll in ihre Teiler bzw. Primfaktoren zerlegt werden.	70
1. Dividiere zuerst die 70 durch die 1. Primzahl, der 2: **70 : 2 = 35 Rest 0**. Da kein Rest bleibt, hast du den ersten Teiler der Zahl 490 gefunden: die **2**!	70 : 2 = 35 Rest 0 70 → 2
2. Dividiere die 35 erneut durch die 1. Primzahl, also durch 2: **35 : 2 = 17 Rest 1**.	35 : 2 = 17 Rest 1
3. Die 35 ist nicht ganzzahlig durch 2 teilbar. Daher teile die 35 durch die nächste Primzahl, die 3: **35 : 3 = 11 Rest 2**.	35 : 3 = 11 Rest 2
4. Die 35 ist auch nicht ganzzahlig durch 3 teilbar. Daher teile die 35 durch die nächste Primzahl, die 5: **35 : 5 = 7 Rest 0**. Der Rest ist 0, daher hast du den nächsten Teiler gefunden: die **5**!	35 : 5 = 7 Rest 0 70 → 2 · 5
5. Teile die 7 erneut durch die 3. Primzahl (5): **7 : 5 = 1 Rest 2**.	7 : 5 = 1 Rest 2
6. Die 7 ist nicht ganzzahlig durch 5 teilbar. Daher teilen die 7 durch die nächste Primzahl, die 7: **49 : 7 = 7 Rest 0**. Auch hier ist der Rest 0, du hast einen weiteren Teiler gefunden: die **7**!	7 : 7 = 1 Rest 0 70 → 2 · 5 · 7
7. Übrig bleibt **1**, damit bist du mit der Primfaktorenzerlegung fertig. Die Zahl 70 besteht aus den 3 Teilern 2 · 5 · 7.	1 70 → 2 · 5 · 7

> Bei der Primfaktorzerlegung teilst du eine Zahl so lange durch die erste Primzahl, bis sie nicht mehr ganzzahlig teilbar ist (Rest größer 0). Anschließend teilst du die Zahl so lange durch die nächste Primzahl, bis auch sie nicht mehr ganzzahlig teilbar ist, usw.

Hast du auf diese Weise jeden Nenner zerlegt, musst du nur noch die einzelnen Bestandteile miteinander multiplizieren, um den Hauptnenner zu erhalten. Die einzelnen Brüche werden dann entsprechend erweitert (siehe Seite 13), um auf den Hauptnenner zu kommen. Anschließend kannst du mit der Rechnung starten.

So suchst du den Hauptnenner:	So sieht es aus:
Diese Brüche sollen miteinander addiert werden.	$\frac{1}{4} + \frac{5}{6}$
1. Schaue dir zuerst die Nenner der Brüche an. Sie sind verschieden. Du benötigst einen gemeinsamen Nenner (Hauptnenner), in dem sowohl 4 als auch 6 steckt.	$\frac{1}{4} + \frac{5}{6}$
2. Der erste Nenner ist 4. Diesen Nenner zerlegst du in seine Primfaktoren: $4 = 2 \cdot 2$.	$4 \rightarrow 2 \cdot 2$
3. Der zweite Nenner ist 6. Diesen Nenner zerlegst du ebenfalls in seine Primfaktoren: $6 = 2 \cdot 3$.	$6 \rightarrow 2 \cdot 3$
4. Mit diesen Primfaktoren baust du dir den Hauptnenner (HN): Da er noch keine Primfaktoren hat, benötigst du vom ersten Nenner alle Primfaktoren ($2 \cdot 2$).	$4 \rightarrow 2 \cdot 2$ HN $\rightarrow 2 \cdot 2$
5. Der zweite Nenner besteht aus den Primfaktoren $2 \cdot 3$. Den ersten Primfaktor (2) hast du bereits vom ersten Nenner verwendet. Du benötigst daher nur den zweiten Primfaktor (3).	$6 \rightarrow 2 \cdot 3$ HN $\rightarrow 2 \cdot 2 \cdot 3$ *diese 2 hast du bereits verwendet*
6. Multipliziere zum Schluss alle Primfaktoren, um den Hauptnenner zu erhalten: $2 \cdot 2 \cdot 3 = 12$.	HN $\rightarrow 2 \cdot 2 \cdot 3 = 12$
7. Der erste Nenner beträgt 4. Er setzt sich aus den Primfaktoren $2 \cdot 2$ zusammen (siehe Schritt 2). Diese beiden Primfaktoren des Hauptnenners brauchst du nicht mehr, übrig bleibt 3. Mit ihr erweiterst du den Bruch, damit du den Hauptnenner von 12 erhältst.	$4 \rightarrow 2 \cdot 2$ HN $\rightarrow \cancel{2} \cdot \cancel{2} \cdot 3 = 3$ $\frac{1 \cdot 3}{4 \cdot 3} = \frac{3}{12}$
8. Der zweite Nenner beträgt 6. Er setzt sich aus den Primfaktoren $2 \cdot 3$ zusammen (siehe Schritt 3). Diese beiden Primfaktoren des Hauptnenners brauchst du nicht mehr, übrig bleibt 2. Mit ihr erweiterst du den Bruch, damit du den Hauptnenner von 12 erhältst.	$6 \rightarrow 2 \cdot 3$ HN: $\cancel{2} \cdot 2 \cdot \cancel{3} = 2$ $\frac{5 \cdot 2}{6 \cdot 2} = \frac{10}{12}$

So suchst du den Hauptnenner:	So sieht es aus:
9. Jetzt sind die Nenner von den Brüchen **gleich** (beide betragen 12), du kannst mit der Rechnung beginnen. Wie du Brüche addierst, erfährst du im Kapitel 4.1 Addition von Brüchen ab Seite 26.	$\frac{3}{12} + \frac{10}{12}$

Anders als in vielen Mathebüchern zeige ich dir nicht nur ein einfaches Beispiel, sondern auch ein komplizierteres Beispiel, bei dem du den Hauptnenner nicht gleich auf den ersten Blick erkennst, wie es dir wahrscheinlich häufiger begegnet.

So suchst du deinen Hauptnenner:	So sieht es aus:
Diese Brüche sollen miteinander addiert werden.	$\frac{1}{4} + \frac{3}{7} + \frac{5}{6}$
1. Schaue dir zuerst die **Nenner** der Brüche an. Sie sind **verschieden**. Du benötigst einen gemeinsamen Nenner (Hauptnenner), in dem sowohl **4**, **7** und **6** steckt.	$\frac{1}{4} + \frac{3}{7} + \frac{5}{6}$
2. Der erste Nenner ist 4. Diesen Nenner zerlegst du in seine Primfaktoren: **4 = 2 · 2**.	4 → 2 · 2
3. Der zweite Nenner ist 7. Diesen Nenner zerlegst du ebenfalls in seine Primfaktoren: Diese sind nur **7**, da die Zahl 7 eine Primzahl ist.	7 → 7
4. Der dritte Nenner ist 6. Diesen Nenner zerlegst du auch in seine Primfaktoren: **6 = 2 · 3**.	6 → 2 · 3
5. Mit diesen Primfaktoren baust du dir den Hauptnenner (HN): Da er noch keine Primfaktoren hat, benötigst du vom ersten Nenner alle Primfaktoren (**2 · 2**).	4 → 2 · 2 ↓ ↓ HN → 2 · 2
6. Der zweite Nenner besteht nur aus dem Primfaktor **7**. Diesen benötigst du, da dieser Primfaktor bislang im Hauptnenner nicht vorliegt.	7 → 7 HN → 2 · 2 · 7
7. Der dritte Nenner besteht aus den Primfaktoren **2 · 3**. Du benötigst jedoch nur den zweiten Primfaktor (**3**), da du den ersten Primfaktor (**2**) bereits vom ersten Nenner verwendet hast.	6 → 2 · 3 ↓ HN → 2 · 2 · 7 · 3 diese 2 hast du bereits verwendet

So suchst du deinen Hauptnenner:	So sieht es aus:
8. Multipliziere zum Schluss alle Primfaktoren, um den Hauptnenner zu erhalten: $2 \cdot 2 \cdot 7 \cdot 3 = 84$.	HN → $2 \cdot 2 \cdot 7 \cdot 3 = 84$
9. Der erste Nenner beträgt 4. Er setzt sich aus den Primfaktoren $2 \cdot 2$ zusammen (siehe Schritt 2). Diese beiden Primfaktoren des Hauptnenners brauchst du nicht mehr, übrig bleibt $7 \cdot 3 = 21$. Mit ihr **erweiterst** du den Bruch, damit du den Hauptnenner von 84 erhältst.	$4 \rightarrow 2 \cdot 2$ HN → $\cancel{2} \cdot \cancel{2} \cdot 7 \cdot 3 = 21$ $\dfrac{1 \cdot 21}{4 \cdot 21} = \dfrac{21}{84}$
10. Der zweite Nenner beträgt 7. Er setzt sich aus dem Primfaktor 7 zusammen (siehe Schritt 3). Dieser Primfaktor des Hauptnenners brauchst du nicht mehr, übrig bleibt $2 \cdot 2 \cdot 3 = 12$. Mit ihr **erweiterst** du den Bruch, damit du den Hauptnenner von 84 erhältst.	$7 \rightarrow 7$ HN → $2 \cdot 2 \cdot \cancel{7} \cdot 3 = 12$ $\dfrac{3 \cdot 12}{7 \cdot 12} = \dfrac{36}{84}$
11. Der dritte Nenner beträgt 6. Er setzt sich aus den Primfaktoren $2 \cdot 3$ zusammen (siehe Schritt 4). Diese beiden Primfaktoren des Hauptnenners brauchst du nicht mehr, übrig bleibt $2 \cdot 7 = 14$. Mit ihr **erweiterst** du den Bruch, damit du den Hauptnenner von 84 erhältst.	$6 \rightarrow 2 \cdot 3$ HN → $\cancel{2} \cdot 2 \cdot 7 \cdot \cancel{3} = 14$ $\dfrac{5 \cdot 14}{6 \cdot 14} = \dfrac{70}{84}$
12. Jetzt sind die Nenner von den Brüchen **gleich** (alle betragen 84), du kannst mit der Rechnung beginnen. Wie du Brüche addierst, erfährst du im Kapitel 4.1 Addition von Brüchen ab Seite 26.	$\dfrac{21}{84} + \dfrac{36}{84} + \dfrac{70}{84}$

Wenn du einmal den passenden Hauptnenner nicht finden kannst, multipliziere einfach die Nenner miteinander. Du erhältst dann zwar einen Hauptnenner, in dem beide Nenner enthalten sind, der aber nicht unbedingt das kleinste gemeinsame Vielfache darstellt.

4. Rechnen mit Brüchen

4.1. Addition von Brüchen

Deine Mutter hat eine Torte gebacken und in 8 Stücke geteilt. Wie du bereits gelernt hast, entspricht ein Tortenstück einem Achtel ($\frac{1}{8}$) der gesamten Torte. Du bist hungrig und isst zuerst ein Tortenstück und anschließend noch mal ein Tortenstück. Du hast nun zweimal $\frac{1}{8}$-Stück der Torte gegessen. Mit Sicherheit wirst du sagen, dass du zwei Achtel ($\frac{2}{8}$) gegessen hast. Kurze Zeit später isst du noch einmal ein Stück. Nun

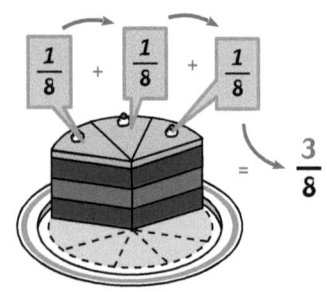

hast du drei Achtel ($\frac{3}{8}$) gegessen. Du hast dabei schon die Addition von Brüchen angewandt, ohne groß zu wissen, wie sie überhaupt funktioniert. Im Folgenden werden wir uns die Vorgehensweise der Addition genauer ansehen.

Das Wort Addition stammt vom lateinischen Wort »addere« und bedeutet »hinzufügen«. Oft wird sie auch als »Plus-Rechnen« bezeichnet, da das Rechenzeichen für die Addition das Pluszeichen (+) ist. Die einzelnen Brüche werden bei einer Addition **Summanden** genannt. Sie werden entsprechend der Anzahl durchnummeriert. Der erste Bruch ist der erste Summand, der zweite Bruch ist der zweite Summand und so weiter. Wenn du alle Summanden addierst oder zusammenzählst, erhältst du die **Summe**. So wird das Ergebnis der Addition genannt.

---

1. Summand + 2. Summand = Summe

1. Bruch + 2. Bruch = Ergebnis

Bei der Addition von Brüchen wird zu einem Bruch ein oder mehrere Brüche hinzugezählt (addiert). Du kannst jedoch nicht beliebige Brüche miteinander addieren, so wie du es von der Addition mit Zahlen gewohnt bist: Die Brüche müssen beim Addieren den gleichen Nenner (den sogenannten Hauptnenner) haben (siehe Seite 19). Man nennt dies gleichnamige Brüche.

Addition von Brüchen mit gleichen Nennern

Du kannst nur Brüche mit gleichen Nennern (so genannte gleichnamige Brüche) addieren. Sind die Nenner der Brüche gleich, so kannst du sofort mit der Addition loslegen. Beim Addieren werden nur die Zähler der einzelnen Brüche addiert, der gleichnamige Nenner wird beibehalten, er wird nicht addiert.

Stelle dir bei der Addition vor, die einzelnen Brüche wären Puzzleteile. Je nach Nenner sieht die Nase und die Öffnung der Puzzleteile anders aus. Nur Brüche mit gleichem Nenner bzw. Puzzleteile mit gleichen Nasen und Öffnungen passen somit zusammen.

Bei diesen beiden Brüchen $\frac{2}{8}$ und $\frac{5}{8}$ ist der Nenner bzw. sind die Aus- und Einbuchtungen jeweils gleich. Du kannst die Brüche direkt miteinander addieren. Die Aus- und Einbuchtungen passen zusammen.

So addierst du Brüche mit gleichen Nennern:	So sieht es aus:
Diese Brüche sollen miteinander addiert werden.	$\frac{2}{8} + \frac{5}{8}$
1. Schaue dir zuerst die Nenner der Brüche an: Sie sind gleich. Du kannst die Brüche sofort miteinander addieren.	$\frac{2}{8} + \frac{5}{8}$
2. Addiere zuerst die Zähler: $2 + 5 = 7$.	$\frac{2}{8} + \frac{5}{8} = \frac{7}{}$
3. Der gemeinsame Nenner (8) wird beibehalten, er wird nicht addiert.	$\frac{2}{8} + \frac{5}{8} = \frac{7}{8}$

Diese Addition habe ich einmal grafisch anhand von Torten dargestellt:

So addierst du Brüche mit **gleichen** Nennern:	So sieht es aus:
1. Diese Schokoladentorte wurde in **8 Stücke** geteilt, von denen noch **2 Stücke** da sind, dies entspricht $\frac{2}{8}$ der gesamten Schokoladentorte.	$\frac{2}{8}$ +
2. Diese Aprikosenquarktorte wurde ebenfalls in **8 Stücke** geteilt, von denen noch **5 Stücke** da sind, dies entspricht $\frac{5}{8}$ der gesamten Aprikosenquarktorte.	$\frac{5}{8}$ =
3. Da beide Torten in gleich große Stücke geteilt wurden, kannst du sie zusammenstellen. Du hast dann insgesamt 2 + 5 = 7 Stücke. Dies entspricht $\frac{7}{8}$ einer ganzen Torte, die in 8 Stücke geteilt wurde.	$\frac{7}{8}$

Beim Addieren von Brüchen mit gleichen Nennern werden nur die Zähler der einzelnen Brüche addiert, der gleichnamige Nenner wird beibehalten, er wird nicht addiert.

Addition von Brüchen mit verschiedenen Nennern

Sind die Nenner unterschiedlich (nicht gleichnamig), so musst du zuerst nach einem gemeinsamen **Hauptnenner** suchen (siehe Seite 19). Ein Hauptnenner ist das kleinste gemeinsame Vielfache (kgV) aller bei einer Rechnung beteiligten Nenner. Er ist ein Nenner, in dem alle Nenner der Rechnung enthalten sind. Dazu werden die Brüche entsprechend erweitert bzw. gekürzt, um das kleinste gemeinsame Vielfache, den Hauptnenner, zu bekommen. Dieser Vorgang nennt man **gleichnamig machen**. Anschließend werden nur die Zähler der einzelnen Brüche addiert, der gleichnamige Hauptnenner wird beibehalten, er wird nicht addiert.

Stelle dir bei der Addition vor, die einzelnen Brüche wären Puzzleteile. Je nach Nenner sehen die Aus- und Einbuchtungen der Puzzleteile anders aus. Nur Brüche mit gleichem Nenner bzw. Puzzleteile mit gleichen Aus- und Einbuchtungen passen zusammen.

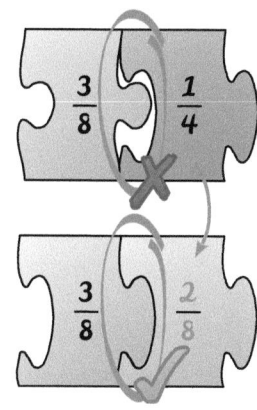

Du kannst die beiden Brüche $\frac{3}{8}$ und $\frac{1}{4}$ nicht direkt miteinander addieren, da sie verschiedene Nenner haben. Die Ausbuchtung des einen Puzzleteils passt nicht in die Einbuchtung des anderen Puzzleteils. Erweiterst du beide Brüche auf den gemeinsamen Hauptnenner (in diesem Beispiel auf 8), sind die Nenner bzw. die Aus- und Einbuchtungen der Puzzleteile wieder gleich. Jetzt kannst du diese beiden Brüche direkt miteinander addieren. Die Aus- und Einbuchtungen passen wieder zusammen.

So addierst du Brüche mit <u>verschiedenen</u> Nennern:	So sieht es aus:
Diese Brüche sollen miteinander addiert werden.	$\frac{3}{8} + \frac{1}{4}$
1. Schaue dir zuerst die Nenner der Brüche an: Sie sind verschieden (8 und 4). Du kannst die Brüche nicht sofort miteinander addieren.	$\frac{3}{8} + \frac{1}{4}$
2. Um diese Brüche zu addieren, benötigst du einen gemeinsamen Nenner (Hauptnenner), der durch 4 und durch 8 teilbar ist. Zerlegst du die Nenner in ihre Primfaktoren, erhältst du als Hauptnenner 8.	$4 \rightarrow 2 \cdot 2$ $8 \rightarrow 2 \cdot 2 \cdot 2$ HN $\rightarrow 2 \cdot 2 \cdot 2 = 8$
3. Der erste Nenner beträgt 8. Er setzt sich aus den Primfaktoren $2 \cdot 2 \cdot 2$ zusammen. Diese Primfaktoren ergeben den Hauptnenners. Dieser Nenner ist daher schon der Hauptnenner, du musst ihn nicht erweitern.	$8 \rightarrow 2 \cdot 2 \cdot 2$ HN $\rightarrow \cancel{2} \cdot \cancel{2} \cdot \cancel{2} = 0$ $\frac{3}{8}$
4. Der zweite Nenner beträgt 4. Er setzt sich aus den Primfaktoren $2 \cdot 2$ zusammen. Diese Primfaktoren des Hauptnenners brauchst du nicht mehr, übrig bleibt 2. Mit ihr erweiterst du den Bruch.	$4 \rightarrow 2 \cdot 2$ HN $\rightarrow \cancel{2} \cdot \cancel{2} \cdot 2 = 2$ $\frac{1 \cdot 2}{4 \cdot 2} = \frac{2}{8}$
5. Jetzt sind die Nenner von beiden Brüchen gleich (gleichnamig), du kannst mit der Addition beginnen.	$\frac{3}{8} + \frac{2}{8}$

So addierst du Brüche mit <u>verschiedenen</u> Nennern:	So sieht es aus:
6. Addiere zunächst die Zähler: **3 + 2 = 5**.	$\frac{3}{8} + \frac{2}{8} = \frac{5}{}$
7. Der gemeinsame Hauptnenner (**8**) wird beibehalten, er wird nicht addiert.	$\frac{3}{8} + \frac{2}{8} = \frac{5}{8}$

Die ganze Addition zeige ich dir nun grafisch anhand der Torten:

So addierst du Brüche mit <u>verschiedenen</u> Nennern:	So sieht es aus:	
1. Diese Schokoladentorte wurde in **8 Stücke** geschnitten, von denen noch **3 Stücke** da sind, dies entspricht $\frac{3}{8}$ der gesamten Schokoladentorte.	$\frac{3}{8}$	
2. Diese Aprikosenquarktorte wurde in **4 Stücke** geschnitten, von denen noch **1 Stück** da ist. Dies entspricht $\frac{1}{4}$ der gesamten Aprikosenquarktorte.	$\frac{1}{4}$	
3. Da beide Torten jeweils in unterschiedlich große Stücke geteilt wurden (einmal in 8 und einmal in 4 Stücke), kannst du sie nicht einfach zusammenstellen. Der Zähler des neuen Bruches würde 4 betragen, da du 4 Stücke hast. Aber welche Zahl müsstest du in den Nenner schreiben? Eine 4, 8 oder etwas ganz anderes?	$\frac{4}{?}$	
4. Um sie zusammenzustellen, musst du zuerst gleich große Stücke schaffen. Dazu benötigst du das kleinste gemeinsame Vielfache (Hauptnenner) von 8 und 4, in dem beide Zahlen enthalten sind. Bildest du aus den Primfaktoren der Nenner den Hauptnenner, so lautet dieser **8**.	$8 \rightarrow 2 \cdot 2 \cdot 2$ $4 \rightarrow 2 \cdot 2$ $HN \rightarrow 2 \cdot 2 \cdot 2 = 8$	

So addierst du Brüche mit <u>verschiedenen</u> Nennern:	So sieht es aus:
5. An dem ersten Nenner (8) musst du nichts machen, er ist **bereits der Hauptnenner**.	 $\frac{3}{8}$
6. Den zweiten Nenner (4) musst du mit **2 erweitern**, um auf den Wert 8 des Hauptnenners zu kommen. Erweitern mit 2 bedeutet, das Stück in zwei gleich große Teile, also einmal in der Mitte durchschneiden. Aus $\frac{1}{4}$ werden dann $\frac{1 \cdot 2}{4 \cdot 2} = \frac{2}{8}$.	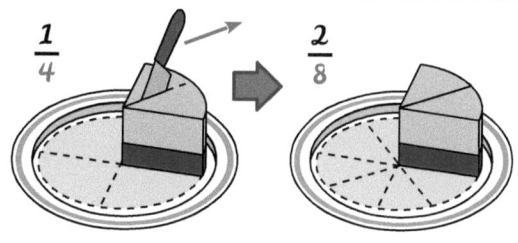
7. Jetzt hast du bei beiden Torten gleich große Stücke und kannst sie zusammen auf einen Teller stellen. Es sind insgesamt 3 + 2 = 5 Stücke. Dies entspricht $\frac{3}{8} + \frac{2}{8} = \frac{5}{8}$ einer ganzen Torte, die in 8 Stücke geteilt wurde.	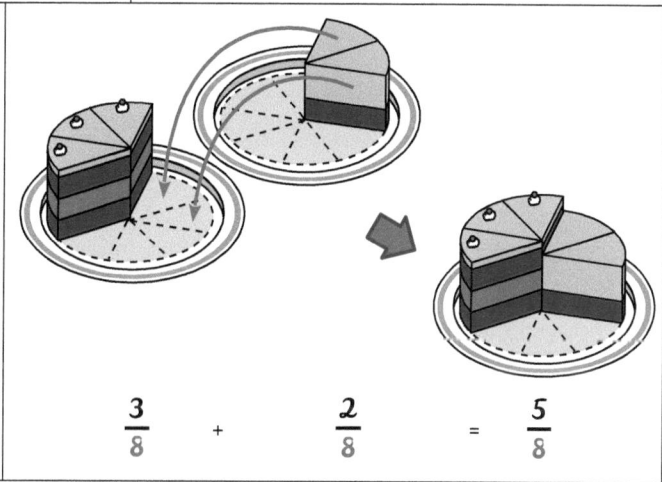 $\frac{3}{8}$ + $\frac{2}{8}$ = $\frac{5}{8}$

Beim Addieren von Brüchen mit verschiedenen Nennern müssen die Nenner zuerst durch Erweitern bzw. Kürzen gleichnamig gemacht werden. Anschließend werden nur die Zähler der einzelnen Brüche addiert, der gleichnamige Hauptnenner wird beibehalten, er wird nicht addiert.

4. Rechnen mit Brüchen – Addition von Brüchen

Addition von mehreren Brüchen

Bislang hast du immer nur zwei Brüche addiert. Du kannst natürlich auch drei, vier oder noch mehr Brüche miteinander addieren. Die Vorgehensweise ist hierbei die selbe: Sind die Nenner unterschiedlich, so musst du zuerst nach einem gemeinsamen **Hauptnenner** suchen (siehe Seite 19). Dazu werden die Brüche entsprechend erweitert bzw. gekürzt, um das kleinste gemeinsame Vielfache, den Hauptnenner, zu bekommen. Anschließend werden nur die Zähler der einzelnen Brüche addiert, der gleichnamige Hauptnenner wird beibehalten, er wird nicht addiert.

---

1. Summand + 2. Summand + 3. Summand + ... = Summe

1. Bruch + 2. Bruch + 3. Bruch + ... = Ergebnis

So addierst du mehrere Brüche:	So sieht es aus:
Diese Brüche sollen miteinander addiert werden.	$\frac{1}{4} + \frac{3}{8} + \frac{7}{12}$
1. Schaue dir zuerst die **Nenner** der Brüche an. Sie sind **verschieden**. Du kannst die Brüche nicht sofort miteinander addieren.	$\frac{1}{4} + \frac{3}{8} + \frac{7}{12}$
2. Um diese Brüche zu addieren, benötigst du einen gemeinsamen Nenner (Hauptnenner), der sowohl durch **4**, **8** und **12** teilbar ist. Zerlegst du die Nenner in ihre Primfaktoren, erhältst du als Hauptnenner **12**.	4 → 2·2 8 → 2·2·2 12 → 2·2·3 HN → 2·2·2·3 = 24
3. Der erste Nenner beträgt 4. Er setzt sich aus den Primfaktoren 2·2 zusammen. Diese Primfaktoren des Hauptnenners brauchst du nicht mehr, übrig bleibt 2·3 = 6. Mit ihr **erweiterst** du den Bruch.	4 → 2·2 HN → ~~2·2~~·2·3 = 6 $\frac{1 \cdot 6}{4 \cdot 6} = \frac{6}{24}$
4. Der zweite Nenner beträgt 8. Er setzt sich aus den Primfaktoren 2·2·2 zusammen. Diese Primfaktoren des Hauptnenners brauchst du nicht mehr, übrig bleibt 3. Mit ihr **erweiterst** du den Bruch.	8 → 2·2·2 HN → ~~2·2·2~~·3 = 3 $\frac{3 \cdot 3}{8 \cdot 3} = \frac{9}{24}$

So addierst du mehrere Brüche:	So sieht es aus:
5. Der zweite Nenner beträgt 12. Er setzt sich aus den Primfaktoren 2 · 2 · 3 zusammen. Diese Primfaktoren des Hauptnenners brauchst du nicht mehr, übrig bleibt 2. Mit ihr **erweiterst** du den Bruch.	$12 \rightarrow 2 \cdot 2 \cdot 3$ $HN \rightarrow \cancel{2} \cdot \cancel{2} \cdot 2 \cdot \cancel{3} = 2$ $\dfrac{7 \cdot 2}{12 \cdot 2} = \dfrac{14}{24}$
6. Jetzt sind die **Nenner** von den Brüchen **gleich** (gleichnamig), du kannst mit der Addition beginnen.	$\dfrac{6}{24} + \dfrac{9}{24} + \dfrac{14}{24}$
7. Addiere zunächst die Zähler: **6 + 9 + 14 = 29**.	$\dfrac{6}{24} + \dfrac{9}{24} + \dfrac{14}{24} = \dfrac{29}{}$
8. Der gemeinsame Nenner (Hauptnenner) von **24** wird beibehalten, er wird nicht addiert.	$\dfrac{6}{24} + \dfrac{9}{24} + \dfrac{14}{24} = \dfrac{29}{24}$
9. Fällt dir an diesem Bruch etwas auf? Der Zähler ist bei diesem Bruch größer als der Nenner! Es handelt sich hierbei um einen **unechten** Bruch. Das bedeutet, in dem Bruch steckt noch ein ganzzahliger Anteil. Dividiere dazu den Zähler durch den Nenner, um den ganzzahligen Anteil zu ermitteln (**29 : 24 = 1 Rest 5**).	$\dfrac{29}{24} = 29 : 24 = 1 \text{ Rest } 5$
10. Die Zahl **1** stellt den **ganzzahligen Anteil** dar. Der **Rest** (**5**) wird der **neue Zählerwert**. Der Nenner (24) wird beibehalten.	$\dfrac{29}{24} = 1 \dfrac{5}{24}$

Beim Addieren von mehreren Brüchen musst du die Nenner zuerst durch Erweitern bzw. Kürzen gleichnamig machen. Anschließend werden nur die Zähler der einzelnen Brüche addiert, der gleichnamige Hauptnenner wird beibehalten, er wird nicht addiert.

4.2. Subtraktion von Brüchen

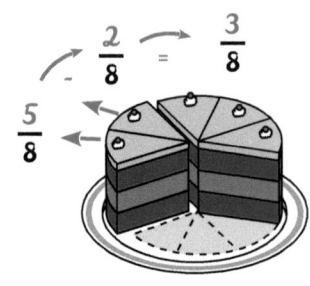

Deine Mutter hat eine Torte gebacken und in 8 Stücke geteilt. Wie du bereits gelernt hast, entspricht ein Tortenstück einem Achtel ($\frac{1}{8}$) der gesamten Torte. 5 Tortenstücke sind noch da, das sind fünf Achtel ($\frac{5}{8}$). Du bist hungrig und isst gleich zwei Tortenstücke, also zwei Achtel ($\frac{2}{8}$). Mit Sicherheit wirst du nun sagen, dass anschließend noch drei Achtel ($\frac{3}{8}$) bzw. 3 Stücke übrig sind. Du hast dabei schon die Subtraktion von Brüchen angewandt, ohne groß zu wissen, wie sie überhaupt funktioniert. Im Folgenden werden wir uns die Vorgehensweise der Subtraktion genauer ansehen.

Das Wort Subtraktion stammt aus dem lateinischen und bedeutet »abziehen«. Oft wird sie auch als »Minus-Rechnen« bezeichnet, da das Rechenzeichen für die Subtraktion das Minuszeichen (–) ist. Der erste Bruch bei einer Subtraktion wird **Minuend** genannt. Von diesem Bruch subtrahierst du den **Subtrahend**, so wird der zweite Bruch genannt. Wenn du mehr als einen Bruch subtrahieren (abziehen) musst, dann werden die Subtrahenden entsprechend der Anzahl durchnummeriert: der zweite Bruch wird dann als erster Subtrahend bezeichnet, der dritte Bruch wird als zweiter Subtrahend bezeichnet, und so weiter. Als Ergebnis erhältst du die **Differenz**. So wird das Ergebnis der Subtraktion genannt.

> Minuend - Subtrahend = Differenz
>
> 1. Bruch - 2. Bruch = Ergebnis

Bei der Subtraktion von Brüchen wird von einem Bruch ein oder mehrere Brüche abgezogen. Du kannst jedoch nicht beliebige Brüche miteinander subtrahieren, so wie du es von der Subtraktion mit Zahlen gewohnt bist: Die Brüche müssen beim Subtrahieren den **gleichen Nenner** haben. Man nennt dies die so genannten **gleichnamigen Brüche**.

Subtraktion von Brüchen mit gleichen Nennern

Du kannst nur Brüche mit gleichen Nennern (so genannte gleichnamige Brüche) subtrahieren. Sind die Nenner der Brüche gleich, so kannst du sofort mit der Subtraktion loslegen. Beim Subtrahieren werden nur die Zähler der einzelnen Brüche subtrahiert, der gleichnamige Nenner wird beibehalten, er wird nicht subtrahiert.

Stelle dir bei der Subtraktion vor, die einzelnen Brüche wären Puzzleteile. Je nach Nenner sieht die Nase und die Öffnung der Puzzleteile anders aus. Nur Brüche mit gleichem Nenner bzw. Puzzleteile mit gleichen Nasen und Öffnungen passen somit zusammen.

Bei diesen beiden Brüchen $\frac{7}{8}$ und $\frac{3}{8}$ ist der Nenner bzw. sind die Aus- und Einbuchtungen jeweils gleich. Du kannst die Brüche direkt miteinander subtrahieren. Die Aus- und Einbuchtungen passen zusammen.

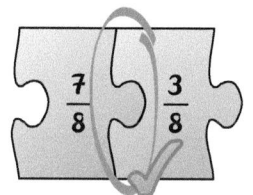

So subtrahierst du Brüche mit gleichen Nennern:	So sieht es aus:
Diese Brüche sollen voneinander subtrahiert werden.	$\frac{7}{8} - \frac{3}{8}$
1. Schaue dir zuerst die Nenner der Brüche an: Sie sind gleich. Du kannst die Brüche sofort subtrahieren.	$\frac{7}{8} - \frac{3}{8}$
2. Subtrahiere zuerst die Zähler: $7 - 3 = 4$.	$\frac{7}{8} - \frac{3}{8} = \frac{4}{}$
3. Der gemeinsame Nenner (8) wird beibehalten, er wird nicht subtrahiert.	$\frac{7}{8} - \frac{3}{8} = \frac{4}{8}$
4. Du kannst diesen Bruch noch mit 4 kürzen, damit die Zahlen kleiner werden: Aus $\frac{4}{8}$ wird $\frac{1}{2}$.	$\frac{4:4}{8:4} = \frac{1}{2}$ bzw. $\frac{\cancel{4}^1}{\cancel{8}^2} = \frac{1}{2}$

Auf der nächsten Seite siehst du diese Subtraktion grafisch anhand von Torten dargestellt.

So subtrahierst du Brüche mit gleichen Nennern:	So sieht es aus:
Diese Schokoladentorte wurde in **8 Stücke** geschnitten. 1 Stück fehlt bereits, es sind also noch **7 Stücke** da, dies entspricht $\frac{7}{8}$ der gesamten Schokoladentorte.	$\frac{7}{8}$
1. Es werden **3 Stücke weggenommen**. Dies entspricht $\frac{3}{8}$ der gesamten Schokoladentorte.	$\frac{7}{8} - \frac{3}{8}$
2. Der verbleibende Rest: Es sind noch 7 − 3 = **4 Stücke** da. Dies entspricht $\frac{7}{8} - \frac{3}{8} = \frac{4}{8}$ einer ganzen Schokoladentorte.	$= \frac{4}{8}$
3. Wenn du dir den Rest anschaust, siehst du, dass es genau einer Hälfte entspricht. Diesen Bruch kannst du also noch weiter kürzen. Beide Zahlenwerte sind Vielfaches der Zahl 4, du kannst den Bruch daher mit **4 kürzen**. Der Bruch $\frac{4}{8}$ entspricht dem Bruch $\frac{1}{2}$.	$\frac{4:4}{8:4} = \frac{1}{2}$ $\frac{1}{2}$

Beim Subtrahieren von Brüchen mit gleichen Nennern werden nur die Zähler der einzelnen Brüche subtrahiert, der gleichnamige Nenner wird beibehalten, er wird nicht subtrahiert.

Subtraktion von Brüchen mit verschiedenen Nennern

Sind die Nenner unterschiedlich, so musst du nach einem gemeinsamen Hauptnenner suchen (siehe Seite 19). Ein Hauptnenner ist das kleinste gemeinsame Vielfache (kgV) aller bei einer Rechnung beteiligten Nenner. Er ist also ein Nenner, in dem alle Nenner deiner Rechnung enthalten sind. Dazu werden die Brüche entsprechend erweitert bzw. gekürzt, um das kleinste gemeinsame Vielfache, den Hauptnenner, zu bekommen. Dieser Vorgang nennt man gleichnamig machen. Anschließend werden nur die Zähler der einzelnen Brüche subtrahiert, der gleichnamige Nenner wird beibehalten, und nicht subtrahiert.

Stelle dir bei der Subtraktion vor, die einzelnen Brüche wären Puzzleteile. Je nach Nenner sehen die Aus- und Einbuchtungen der Puzzleteile anders aus. Nur Brüche mit gleichem Nenner bzw. Puzzleteile mit gleichen Aus- und Einbuchtungen passen zusammen.

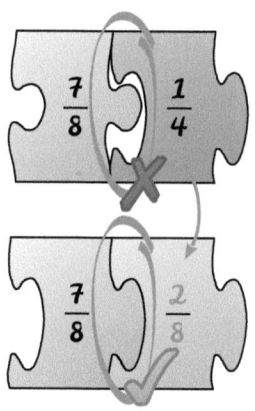

Du kannst die beiden Brüche $\frac{7}{8}$ und $\frac{1}{4}$ nicht direkt voneinander subtrahieren, da sie verschiedene Nenner haben. Die Ausbuchtung des einen Puzzleteils passt nicht in die Einbuchtung des anderen Puzzleteils. Erweiterst du beide Brüche auf den gemeinsamen Hauptnenner (in diesem Beispiel auf 8), sind die Nenner bzw. die Aus- und Einbuchtungen der Puzzleteile wieder gleich. Jetzt kannst du diese beiden Brüche direkt voneinander subtrahieren. Die Aus- und Einbuchtungen passen wieder zusammen.

So subtrahierst du Brüche mit <u>verschiedenen</u> Nennern:	So sieht es aus:
Diese Brüche sollen voneinander subtrahiert werden.	$\frac{7}{8} - \frac{1}{4}$
1. Schaue dir zuerst die Nenner der Brüche an: Sie sind verschieden (8 und 4). Du kannst sie nicht sofort miteinander subtrahieren.	$\frac{7}{8} - \frac{1}{4}$
2. Um diese Brüche zu subtrahieren, benötigst du einen gemeinsamen Nenner (Hauptnenner), der sowohl durch 4 als auch durch 8 teilbar ist. Zerlegst du die Nenner in ihre Primfaktoren, erhältst du als Hauptnenner 8.	$4 \rightarrow 2 \cdot 2$ $8 \rightarrow 2 \cdot 2 \cdot 2$ $HN \rightarrow 2 \cdot 2 \cdot 2 = 8$

So subtrahierst du Brüche mit <u>verschiedenen</u> Nennern:	So sieht es aus:
3. Der erste Nenner beträgt 8. Er setzt sich aus den Primfaktoren 2 · 2 · 2 zusammen. Diese Primfaktoren des Hauptnenners brauchst du nicht mehr, übrig bleibt nichts. Dieser Nenner ist schon der Hauptnenner, du musst ihn nicht erweitern.	$8 \rightarrow 2 \cdot 2 \cdot 2$ $HN \rightarrow \cancel{2} \cdot \cancel{2} \cdot \cancel{2} = 0$ $\frac{7}{8}$
4. Der zweite Nenner beträgt 4. Er setzt sich aus den Primfaktoren 2 · 2 zusammen. Diese Primfaktoren des Hauptnenners brauchst du nicht mehr, übrig bleibt 2. Mit ihr **erweiterst** du den Bruch.	$4 \rightarrow 2 \cdot 2$ $HN \rightarrow \cancel{2} \cdot \cancel{2} \cdot 2 = 2$ $\frac{1 \cdot 2}{4 \cdot 2} = \frac{2}{8}$
5. Jetzt sind die Nenner von beiden Brüchen **gleich** (gleichnamig), du kannst mit der Subtraktion beginnen.	$\frac{7}{8} - \frac{2}{8}$
6. Subtrahiere zuerst die Zähler: 7 − 2 = 5.	$\frac{7}{8} - \frac{2}{8} = \frac{5}{\_}$
7. Der gemeinsame Nenner (8) wird beibehalten, er wird nicht subtrahiert.	$\frac{7}{8} - \frac{2}{8} = \frac{5}{8}$

Die ganze Subtraktion zeige ich dir nun grafisch anhand der Torten:

So subtrahierst du Brüche mit <u>verschiedenen</u> Nennern:	So sieht es aus:
Diese Schokoladentorte wurde in **8 Stücke** geschnitten. 1 Stück fehlt bereits, es sind also noch **7 Stücke** da, dies entspricht $\frac{7}{8}$ der gesamten Schokoladentorte.	$\frac{7}{8}$
1. Es soll **1 Stück weggenommen** werden. Dieses Stück entspricht jedoch $\frac{1}{4}$ der gesamten Schokoladentorte. Da die Torten aber in Achtel-Stücke geteilt wurde, kannst du kein Viertel-Stück wegnehmen.	$\frac{1}{4}$

So subtrahierst du Brüche mit verschiedenen Nennern:	So sieht es aus:
2. Um das Viertel-Stück dennoch wegzunehmen, musst du zuerst gleich große Stücke schaffen. Dazu benötigst du das kleinste gemeinsame Vielfache (Hauptnenner) von 8 und 4, in dem beide Zahlen enthalten sind. Bildest du aus den Primfaktoren der Nenner den Hauptnenner, so lautet dieser 8.	$4 \rightarrow 2 \cdot 2$ $\downarrow \;\; \downarrow$ $8 \rightarrow 2 \cdot 2 \cdot 2$ $\downarrow \;\; \downarrow \;\; \downarrow$ $HN \rightarrow 2 \cdot 2 \cdot 2 = 8$
3. Du musst den zweiten Bruch **mit 2 erweitern** und erhältst dann $\frac{1 \cdot 2}{4 \cdot 2} = \frac{2}{8}$. Dies erreichst du, indem du das große Viertel-Stück einmal in der Mitte durchschneidest.	$\frac{1}{4} \rightarrow \frac{2}{8}$
4. Der verbleibende Rest: Es sind noch 5 Stücke da (7 Stücke vom Anfang minus 2 Stücke von gerade eben = 5 Stücke). Dies entspricht dann $\frac{7}{8} - \frac{2}{8} = \frac{5}{8}$ einer ganzen Schokoladentorte.	$\frac{7}{8} - \frac{2}{8} = \frac{5}{8}$

Beim Subtrahieren von Brüchen mit verschiedenen Nennern müssen die Nenner zuerst durch Erweitern bzw. Kürzen gleichnamig gemacht werden. Anschließend werden nur die Zähler der einzelnen Brüche subtrahiert, der gleichnamige Hauptnenner wird beibehalten, er wird nicht subtrahiert.

Subtraktion von mehreren Brüchen

Bislang hast du immer nur zwei Brüche subtrahiert. Du kannst natürlich auch drei, vier oder noch mehr Brüche voneinander subtrahieren. Die Vorgehensweise ist hierbei die selbe: Sind die Nenner unterschiedlich, so musst du zuerst nach einem gemeinsamen Hauptnenner suchen (siehe Seite 19). Dazu werden die Brüche entsprechend erweitert bzw. gekürzt, um das kleinste gemeinsame Vielfache, den Hauptnenner, zu bekommen. Anschließend werden nur die Zähler der einzelnen Brüche subtrahiert, der gleichnamige Hauptnenner wird beibehalten, er wird nicht subtrahiert.

> Minuend - 1. Subtrahend - 2. Subtrahend - ... = Differenz
>
> 1. Bruch - 2. Bruch - 3. Bruch - ... = Ergebnis

So subtrahierst du mehrere Brüche:	So sieht es aus:
Diese Brüche sollen voneinander subtrahiert werden.	$\dfrac{11}{12} - \dfrac{3}{8} - \dfrac{1}{4}$
1. Schaue dir zuerst die **Nenner** der Brüche an. Die Nenner von diesen Brüchen sind **verschieden**.	$\dfrac{11}{12} - \dfrac{3}{8} - \dfrac{1}{4}$
2. Um diese Brüche zu subtrahieren, benötigst du einen gemeinsamen Nenner (Hauptnenner), der sowohl durch 4, 8 und 12 teilbar ist. Zerlegst du die Nenner in ihre Primfaktoren, erhältst du als Hauptnenner **24**.	$12 \rightarrow 2 \cdot 2 \cdot 3$ $8 \rightarrow 2 \cdot 2 \cdot 2$ $4 \rightarrow 2 \cdot 2$ $HN \rightarrow 2 \cdot 2 \cdot 2 \cdot 3 = 24$
3. Der erste Nenner beträgt 12. Er setzt sich aus den Primfaktoren 2 · 2 · 3 zusammen. Diese Primfaktoren des Hauptnenners brauchst du nicht mehr, übrig bleibt **2**. Mit ihr **erweiterst** du den Bruch.	$12 \rightarrow 2 \cdot 2 \cdot 3$ $HN \rightarrow \cancel{2} \cdot \cancel{2} \cdot 2 \cdot \cancel{3} = 2$ $\dfrac{11 \cdot 2}{12 \cdot 2} = \dfrac{22}{24}$
4. Der zweite Nenner beträgt 8. Er setzt sich aus den Primfaktoren 2 · 2 · 2 zusammen. Diese Primfaktoren des Hauptnenners brauchst du nicht mehr, übrig bleibt **3**. Mit ihr **erweiterst** du den Bruch.	$8 \rightarrow 2 \cdot 2 \cdot 2$ $HN \rightarrow \cancel{2} \cdot \cancel{2} \cdot \cancel{2} \cdot 3 = 3$ $\dfrac{3 \cdot 3}{8 \cdot 3} = \dfrac{9}{24}$

So subtrahierst du mehrere Brüche:	So sieht es aus:
5. Der dritte Nenner beträgt 4. Er setzt sich aus den Primfaktoren 2 · 2 zusammen. Diese Primfaktoren des Hauptnenners brauchst du nicht mehr, übrig bleibt 2 · 3 = 6. Mit ihr **erweiterst** du den Bruch.	4 → 2 · 2 HN → 2̶ · 2̶ · 2 · 3 = 6 $\frac{1 \cdot 6}{4 \cdot 6} = \frac{6}{24}$
6. Jetzt sind die **Nenner** von den Brüchen **gleich** (gleichnamig), du kannst mit der Subtraktion beginnen.	$\frac{22}{24} - \frac{9}{24} - \frac{6}{24}$
7. Subtrahiere zunächst die Zähler: 22 − 9 − 6 = 7.	$\frac{22}{24} - \frac{9}{24} - \frac{6}{24} = \frac{7}{}$
8. Der gemeinsame Nenner (24) wird beibehalten, er wird nicht subtrahiert.	$\frac{22}{24} - \frac{9}{24} - \frac{6}{24} = \frac{7}{24}$

> Beim Subtrahieren von mehreren Brüchen musst du die Nenner zuerst durch Erweitern bzw. Kürzen gleichnamig machen. Anschließend werden nur die Zähler der einzelnen Brüche subtrahiert, der gleichnamige Hauptnenner wird beibehalten, er wird nicht subtrahiert.

4.3. Multiplikation von Brüchen

Das Wort Multiplikation stammt von dem lateinischen Wort »multiplicare« und bedeutet »vervielfachen«. Oft wird sie auch als »Mal-Rechnen« bezeichnet, da das Rechenzeichen für die Multiplikation der Mal-Punkt (·) ist. Die einzelnen Brüche werden bei einer Multiplikation **Faktoren** genannt. Sie werden entsprechend der Anzahl durchnummeriert. Der erste Bruch ist der erste Faktor (oder auch Multiplikator), der zweite Bruch ist der zweite Faktor (oder der Multiplikand) und so weiter. Wenn du alle Faktoren multiplizierst oder mal nimmst, erhältst du das **Produkt**. So wird das Ergebnis der Multiplikation genannt.

> 1. Faktor · 2. Faktor = Produkt
>
> Multiplikator · Multiplikand = Produktwert
>
> 1. Bruch · 2. Bruch = Ergebnis

Die Multiplikation ist die einfachste Rechenart beim Rechnen mit Brüchen: Zwei oder mehr Brüche multiplizierst du miteinander, indem du **alle Zähler miteinander und alle Nenner miteinander multipliziert**. Dabei spielt es keine Rolle, ob die Nenner gleichnamig sind oder nicht. Beachte allerdings, dass beim Multiplizieren die Zahlen im Bruch sehr schnell groß werden. Kürze daher deine Brüche immer, bevor du mit ihnen weiter rechnest

So multiplizierst du zwei Brüche:	So sieht es aus:
Diese Brüche sollen miteinander multipliziert werden.	$\frac{3}{4} \cdot \frac{5}{6}$
1. Versuche, vor dem Multiplizieren die Zahlen zu **kürzen**. Die 3 im Zähler und die 6 im Nenner kannst du jeweils mit 3 kürzen: 3 : 3 = 1 und 6 : 3 = 2.	$\frac{3}{4} \cdot \frac{5}{6} = \frac{1}{4} \cdot \frac{5}{2}$
2. Beginne gleich mit der Multiplikation der Zähler: 1 · 5 = 5.	$\frac{1}{4} \cdot \frac{5}{2} = \frac{5}{}$
3. Multipliziere alle Nenner miteinander: 4 · 2 = 8.	$\frac{1}{4} \cdot \frac{5}{2} = \frac{5}{8}$

> Beim Multiplizieren von Brüchen werden die Zähler der einzelnen Brüche miteinander multipliziert und die Nenner der einzelnen Brüche miteinander multipliziert.

Multiplikation von mehreren Brüchen

Bislang hast du immer nur zwei Brüche multipliziert. Du kannst natürlich auch drei, vier oder noch mehr Brüche miteinander multiplizieren. Die Vorgehensweise ist hierbei die selbe: Du multiplizierst alle Zähler miteinander und alle Nenner miteinander. Beachte allerdings, dass beim Multiplizieren die Zahlen im Bruch sehr schnell groß werden. Kürze daher deine Brüche immer, bevor du mit ihnen weiter rechnest.

So multiplizierst du mehrere Brüche:	So sieht es aus:
Diese Brüche sollen miteinander multipliziert werden.	$\frac{3}{4} \cdot \frac{3}{8} \cdot \frac{5}{6}$
1. **Kürze**, wenn möglich, die Zahlen vor dem Multiplizieren. Die 3 im Zähler und die 6 im Nenner kannst du jeweils mit **3 kürzen**: $3 : 3 = 1$ und $6 : 3 = 2$. So werden die Zahlen kleiner und die Rechnung einfacher.	$\frac{3}{4} \cdot \frac{3}{8} \cdot \frac{5}{6} = \frac{1}{4} \cdot \frac{3}{8} \cdot \frac{5}{2}$
2. Beginne gleich mit der Multiplikation der Zähler: $1 \cdot 3 \cdot 5 = 15$.	$\frac{1}{4} \cdot \frac{3}{8} \cdot \frac{5}{2} = \frac{15}{}$
3. Multipliziere alle Nenner miteinander: $4 \cdot 8 \cdot 2 = 64$.	$\frac{1}{4} \cdot \frac{3}{8} \cdot \frac{5}{2} = \frac{15}{64}$

Beim Multiplizieren von mehreren Brüchen werden die Zähler der einzelnen Brüche miteinander multipliziert und die Nenner der einzelnen Brüche miteinander multipliziert.

Multiplikation eines Bruches mit einer Ganzzahl

Seither hast du immer nur einen Bruch mit einem anderen Bruch multipliziert. Du kannst auch einen Bruch mit einer Ganzzahl multiplizieren. Wandle, bevor du mit der Multiplikation starten kannst, die Ganzzahl zuerst in einen so genannten Scheinbruch um. Wie du bereits gelernt hast, stellt ein Bruch ein Wert dar, der kleiner als 1 ist. Bei einem Scheinbruch (siehe Kapitel 5.3 auf Seite 58) handelt es sich zwar rein äußerlich auch um einen Bruch, sein Wert ist jedoch ein ganzzahliges Vielfaches der Zahl 1. Füge dazu der Ganzzahl einen Nenner mit dem Wert 1 hinzu. Anschließend ist die Vorgehensweise die selbe: Multipliziere alle Zähler miteinander und alle Nenner miteinander.

Die Multiplikation von Brüchen mit einer Ganzzahl ist etwas anderes wie das Erweitern. Bei der Multiplikation mit einer Ganzzahl ändert sich der Wert des neues Bruches, beim Erweitern ändert sich nur das Aussehen.

$\frac{3}{4}$ multipliziert mit 3: $\frac{3}{4} \cdot \frac{3}{1} = \frac{3 \cdot 3}{4 \cdot 1} = \frac{9}{4} = 2\frac{1}{4}$

$\frac{3}{4}$ erweitert mit 3: $\frac{3 \cdot 3}{4 \cdot 3} = \frac{9}{12}$

So multiplizierst du einen Bruch mit einer Ganzzahl:	So sieht es aus:
Dieser Bruch soll mit der Ganzzahl 3 multipliziert werden.	$\frac{1}{4} \cdot 3$
1. Wandle zuerst die Ganzzahl in einen Bruch um. Füge ihr dazu einen **Nenner mit dem Wert 1** hinzu. Aus der Ganzzahl 3 wird der sogenannte Scheinbruch $\frac{3}{1}$.	$\frac{1}{4} \cdot \frac{3}{1}$
2. Du multiplizierst zuerst die Zähler: **1 · 3 = 3**.	$\frac{1}{4} \cdot \frac{3}{1} = \frac{3}{}$
3. Multipliziere alle Nenner: **4 · 1 = 4**.	$\frac{1}{4} \cdot \frac{3}{1} = \frac{3}{4}$

Folgende Abbildung verdeutlicht es:

So multiplizierst du einen Bruch mit einer Ganzzahl:	So sieht es aus:
Dies ist 1 Stück einer Schokoladentorte, die in 4 Stücke geschnitten wurde. Es entspricht somit $\frac{1}{4}$ der gesamten Schokoladentorte.	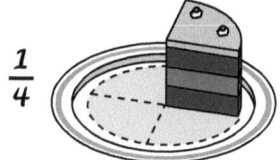 $\frac{1}{4}$
1. Dieses Viertel-Stück hast du **3 Mal**.	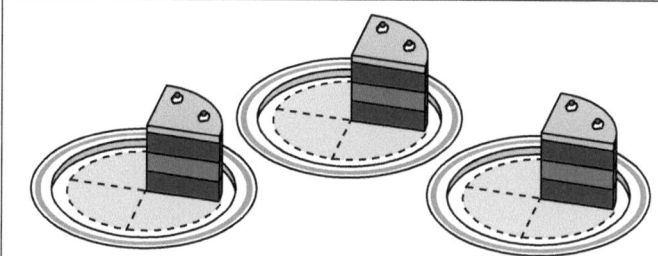
2. Diese 3 Viertel-Stücke kannst du zusammen auf einen Teller stellen, um Teller zu sparen.	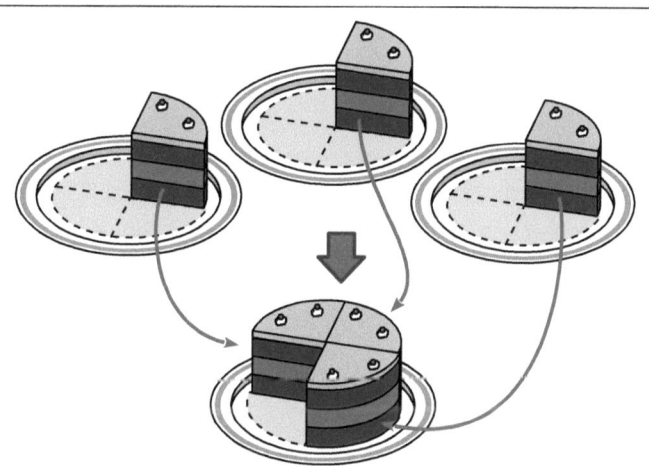
3. Es sind insgesamt $3 \cdot 1 = 3$ Viertel-Stücke. Dies entspricht $\frac{3}{4}$ einer ganzen Schokoladentorte.	 $\frac{3}{4}$

Beim Multiplizieren von Brüchen mit einer Ganzzahl musst du zuerst die Ganzzahl in einen (Schein)Bruch umwandeln. Anschließend werden die Zähler der einzelnen Brüche miteinander multipliziert und die Nenner der einzelnen Brüche miteinander multipliziert.

4. Rechnen mit Brüchen – Multiplikation von Brüchen

4.4. Division von Brüchen

Das Wort Division stammt aus dem lateinischen und bedeutet »teilen«. Oft wird sie auch als »Geteilt-Durch-Rechnen« bezeichnet, da das Rechenzeichen für die Division der Geteilt-Durch-Doppelpunkt (:) ist. Der erste Bruch bei einer Division wird **Dividend** genannt. Dieser Bruch wird durch den **Divisor** geteilt, so wird der zweite Bruch genannt. Als Ergebnis erhältst du den **Quotient**, das Ergebnis der Division.

> Dividend : Divisor = Quotient
>
> 1. Bruch : 2. Bruch = Ergebnis

Die Division von Brüchen ist eigentlich eine Multiplikation. Und diese ist, wie du im Kapitel 4.3 (siehe Seite 41) gelernt hast, sehr leicht. Aber du kannst nicht einfach aus einer Division eine Multiplikation machen, nur weil du das Rechenzeichen änderst. Dazu musst du aus dem zweiten Bruch den **Kehrwert** bilden. Vertausche dazu den Zählerwert und den Nennerwert. Die Zahl, die vorhin im Zähler stand, steht jetzt im Nenner und umgekehrt. Nun hast du aus der Division eine Multiplikation gemacht und rechnest wie bei der Multiplikation. Multipliziere alle Zähler und alle Nenner miteinander. Bei der Division spielt es keine Rolle, ob die Nenner gleichnamig sind oder nicht.

So dividierst du zwei Brüche:	So sieht es aus:
Diese Brüche sollen miteinander dividiert werden.	$\frac{3}{4} : \frac{5}{6}$
1. Bilde aus dem zweiten Bruch ($\frac{5}{6}$) den **Kehrwert**. Vertausche dazu den Zählerwert und den Nennerwert. Die Zahl, die vorhin im Zähler stand, steht jetzt im Nenner und umgekehrt. Der neue zweite Bruch lautet $\frac{6}{5}$.	$\left(\frac{5}{6}\right) \rightarrow \frac{6}{5}$
2. Aus dem **Divisionszeichen** (:) wird ein **Multiplikationszeichen** (·).	$\frac{3}{4} : \frac{5}{6} = \frac{3}{4} \cdot \frac{6}{5}$
3. Du hast jetzt eine Multiplikation. Auch hier multiplizierst du zuerst die Zähler: $3 \cdot 6 = 18$.	$\frac{3}{4} \cdot \frac{6}{5} = \frac{18}{}$

So dividierst du zwei Brüche:	So sieht es aus:
4. Multipliziere alle Nenner: **4 · 5 = 20**.	$\dfrac{3}{4} \cdot \dfrac{6}{5} = \dfrac{18}{20}$
5. Du bist mit der Division fertig. Den Bruch kannst du mit **2 kürzen**, damit die Zahlen kleiner werden.	$\dfrac{18:2}{20:2} = \dfrac{9}{10}$ bzw. $\dfrac{\cancel{18}^{9}}{\cancel{20}_{10}} = \dfrac{9}{10}$

Beim Dividieren von Brüchen wird zuerst aus dem zweiten Bruch der Kehrwert gebildet. Dabei wird der Zählerwert und der Nennerwert vertauscht. Anschließend werden die Zähler der einzelnen Brüche miteinander multipliziert und die Nenner der einzelnen Brüche miteinander multipliziert.

Division eines Bruches durch eine Ganzzahl

Seither hast du immer nur einen Bruch durch einen anderen Bruch dividiert. Du kannst auch einen Bruch durch eine Ganzzahl dividieren. Wandle, bevor du mit der Division starten kannst, die Ganzzahl zuerst in einen Bruch um. Füge dazu der Ganzzahl einen Nenner mit dem Wert 1 hinzu. Anschließend ist die Vorgehensweise die selbe: Bilde aus dem zweiten Bruch den Kehrwert und multipliziere alle Zähler miteinander und alle Nenner miteinander.

Die Division von Brüchen durch eine Ganzzahl ist etwas anderes wie das Kürzen. Bei der Division durch eine Ganzzahl ändert sich der Wert des neues Bruches, beim Kürzen ändert sich nur das Aussehen.

$\dfrac{9}{12}$ dividiert durch 3: $\dfrac{9}{12} : \dfrac{3}{1} = \dfrac{9}{12} \cdot \dfrac{1}{3} = \dfrac{9 \cdot 1}{12 \cdot 3} = \dfrac{9}{36} = \dfrac{1}{4}$

$\dfrac{9}{12}$ gekürzt mit 3: $\dfrac{9:3}{12:3} = \dfrac{3}{4}$

4. Rechnen mit Brüchen – Division von Brüchen

So dividierst du einen Bruch durch eine Ganzzahl:	So sieht es aus:
Dieser Bruch soll durch die Ganzzahl 2 dividiert werden.	$\frac{1}{4} : 2$
1. Wandle zuerst die Ganzzahl in einen Bruch um. Füge dazu der Ganzzahl einen Nenner mit dem Wert 1 hinzu. Aus der Zahl 2 wird so der Bruch $\frac{2}{1}$.	$\frac{1}{4} : \frac{2}{1}$
2. Bilde aus dem zweiten Bruch ($\frac{2}{1}$) den **Kehrwert**. Vertausche dazu den Zählerwert und den Nennerwert. Die Zahl, die vorhin im Zähler stand, steht jetzt im Nenner und umgekehrt. Der neue zweite Bruch lautet $\frac{1}{2}$.	$\left(\frac{2}{1}\right) \rightarrow \frac{1}{2}$
3. Aus dem **Divisionszeichen** (:) wird ein **Multiplikationszeichen** (·).	$\frac{1}{4} : \frac{2}{1} = \frac{1}{4} \cdot \frac{1}{2}$
4. Du hast eine Multiplikation. Auch hier multiplizierst du zuerst die Zähler: **1 · 1 = 1**.	$\frac{1}{4} \cdot \frac{1}{2} = \frac{1}{}$
5. Multipliziere alle Nenner: **4 · 2 = 8**.	$\frac{1}{4} \cdot \frac{1}{2} = \frac{1}{8}$

Folgende Abbildung verdeutlicht es:

So dividierst du einen Bruch durch eine Ganzzahl:	So sieht es aus:
Diese Schokoladentorte wurde in **4 Stücke** geschnitten. 3 Stücke fehlen bereits, es ist noch **1 Stück** da, dies entspricht $\frac{1}{4}$ der gesamten Schokoladentorte.	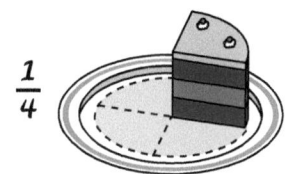
1. Eine Division mit 2 entspricht dem halbieren. Das bedeutet, du schneidest das Viertel-Stück einmal in der Mitte durch. Aus diesem einen Viertel-Stück werden 2 Achtel-Stücke.	
2. Als Ergebnis erhältst du **2 Achtel-Stücke**. Ein Stück entspricht somit $\frac{1}{8}$ einer ganzen Schokoladentorte.	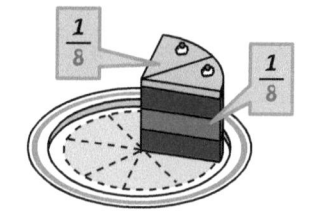

Beim Dividieren von Brüchen mit einer Ganzzahl musst du zuerst die Ganzzahl in einen Bruch umwandeln. Anschließend wird aus dem zweiten Bruch der Kehrwert gebildet. Dabei wird der Zählerwert und der Nennerwert vertauscht. Dann werden die Zähler der einzelnen Brüche miteinander multipliziert und die Nenner der einzelnen Brüche miteinander multipliziert.

4. Rechnen mit Brüchen – Division von Brüchen

4.5. Brüche vergleichen

Welcher Bruch ist größer: der Bruch $\frac{5}{9}$ oder der Bruch $\frac{3}{11}$? Gar nicht so einfach. Bei dem ersten Bruch ist der Zähler größer, dafür ist aber beim zweiten Bruch der Nenner größer. Beim ersten Bruch hast du mehr von den Stücken, beim zweiten Bruch hast du weniger und die sind auch noch dünner.

Wie du erkennen kannst, erweist sich das **Vergleichen** von Brüchen schwieriger als das Vergleichen von einfachen Zahlen, da Brüche einen bestimmten Wert darstellen. Ein Bruch besteht aus zwei Zahlen und wenn du zwei Brüche vergleichen sollst, hast du schon vier Zahlen: Du hast zwei Zähler und zwei Nenner. Aber wie vergleichst du sinnvoll diese Zahlen? Am Besten wäre, wenn zwei Zahlen schon einmal gleich wären, z. B. die Nenner, dann müsstest du nur noch die beiden Zähler vergleichen. Und genau das ist mit Brüchen möglich! Wie beim Addieren und Subtrahieren müssen die Brüche beim Vergleichen gleichnamig sein, das heißt, sie müssen den gleichen Nenner haben. Sollten die Nenner unterschiedlich sein, musst du die Brüche erweitern bzw. kürzen, um den Hauptnenner zu erhalten.

Ist der erste Bruch kleiner als der zweite, so wird das **Kleiner-als-Zeichen** [<] verwendet. Ist der erste Bruch größer als der zweite, so wird das **Größer-als-Zeichen** [>] verwendet. Sind beide Brüche gleich groß, so wird das **Gleichheitszeichen** [=] verwendet.

$$\text{kleiner Bruch} < \text{großer Bruch} \quad \frac{3}{11} < \frac{5}{9} \quad [\text{kleiner als}]$$

$$\text{großer Bruch} > \text{kleiner Bruch} \quad \frac{5}{9} > \frac{3}{11} \quad [\text{größer als}]$$

$$1. \text{Bruch} = 2. \text{Bruch} \quad \frac{2}{4} = \frac{4}{8} \quad [\text{gleich}]$$

Vergleichen von Brüchen mit gleichen Nennern

Haben die zu vergleichenden Brüche bereits den gleichen Nenner, so kannst du die Brüche direkt miteinander vergleichen. Dabei vergleichst du nur die Zähler miteinander. Die Nenner zu vergleichen macht ja auch wenig Sinn, denn sie sind ja bereits gleich.

So vergleichst du Brüche mit <u>gleichen</u> Nennern:	So sieht es aus:
Diese Brüche sollen verglichen werden.	$\frac{3}{8}$ und $\frac{5}{8}$
1. Schaue dir zuerst die Nenner der Brüche an. Die Nenner von diesen beiden Brüchen sind gleich, sie betragen beide 8. Du kannst die Brüche direkt miteinander vergleichen.	$\frac{3}{8}$ und $\frac{5}{8}$
2. Vergleiche die Zähler miteinander: Die Zahl 3 ist kleiner als die Zahl 5, daher setzt du ein Kleiner-als-Zeichen (3 < 5).	$\frac{3}{8} < \frac{5}{8}$

Wenn du dir wieder die Brüche als Torten vorstellst, wird das Vergleichen viel klarer:

So vergleichst du Brüche mit <u>gleichen</u> Nennern:	So sieht es aus:
1. Diese Aprikosenquarktorte wurde in 8 Stücke geschnitten, von denen noch 3 Stücke vorhanden sind. Als Bruch schreibst du das $\frac{3}{8}$.	$\frac{3}{8}$
2. Diese Schokoladentorte wurde auch in 8 Stücke geschnitten, von denen jedoch noch 5 Stücke vorhanden sind. Als Bruch schreibst du das $\frac{5}{8}$.	$\frac{5}{8}$
3. Wie du siehst, sind von der Aprikosenquarktorte weniger Stücke da als von der Schokoladentorte. Der Bruch $\frac{3}{8}$ ist kleiner als (<) der Bruch $\frac{5}{8}$.	$\frac{3}{8} < \frac{5}{8}$

Beim Vergleichen von Brüchen mit gleichem Nenner vergleichst du nur die Zähler miteinander und setzt dementsprechend ein Kleiner-als-Zeichen [<], ein Größer-als-Zeichen [>] oder ein Gleichheitszeichen [=], falls die beiden Brüche gleichgroß sind.

4. Rechnen mit Brüchen – Brüche vergleichen

Vergleichen von Brüchen mit verschiedenen Nennern

Haben die zu vergleichenden Brüche verschiedene Nenner, so kannst du sie nicht direkt miteinander vergleichen. Du benötigst zuerst einen gemeinsamen **Hauptnenner** (siehe Seite 19). Sind die Brüche dann gleichnamig, vergleichst du nur die Zähler miteinander. Die Nenner zu vergleichen macht ja auch wenig Sinn, denn sie sind ja bereits gleich.

So vergleichst du Brüche mit <u>verschiedenen</u> Nennern:	So sieht es aus:
Diese Brüche sollen verglichen werden.	$\frac{5}{6}$ und $\frac{3}{4}$
1. Schaue dir zuerst die Nenner der Brüche an. Die Nenner von diesen beiden Brüchen sind **verschieden**.	$\frac{5}{6}$ und $\frac{3}{4}$
2. Um diese Brüche zu vergleichen, benötigst du einen gemeinsamen Nenner (Hauptnenner), der sowohl durch 4 als auch durch 6 teilbar ist. Zerlegst du die Nenner in ihre Primfaktoren, erhältst du als Hauptnenner **12**.	$6 \rightarrow 2 \cdot 3$ $4 \rightarrow 2 \cdot 2$ HN $\rightarrow 2 \cdot 2 \cdot 3 = 12$
3. Der erste Nenner beträgt 6. Er setzt sich aus den Primfaktoren 2 · 3 zusammen. Diese Primfaktoren des Hauptnenners brauchst du nicht mehr. Übrig bleibt noch **2**. Mit ihr erweiterst du den Bruch.	$6 \rightarrow 2 \cdot 3$ HN $\rightarrow \cancel{2} \cdot 2 \cdot \cancel{3} = 2$ $\frac{5 \cdot 2}{6 \cdot 2} = \frac{10}{12}$
4. Der zweite Nenner beträgt 4. Er setzt sich aus den Primfaktoren 2 · 2 zusammen. Diese Primfaktoren des Hauptnenners brauchst du nicht mehr. Übrig bleibt noch **3**. Mit ihr erweiterst du den Bruch.	$4 \rightarrow 2 \cdot 2$ HN $\rightarrow \cancel{2} \cdot \cancel{2} \cdot 3 = 3$ $\frac{3 \cdot 3}{4 \cdot 3} = \frac{9}{12}$
5. Jetzt sind die **Nenner** von diesen beiden Brüchen **gleich** (gleichnamig), nämlich beides Mal 12. Du kannst die Brüche nun miteinander vergleichen.	$\frac{10}{12}$ und $\frac{9}{12}$
6. Vergleiche die Zähler miteinander: Die Zahl 10 ist größer als die Zahl 9 (**10 > 9**), daher setzt du ein Größer-als-Zeichen (**>**).	$\frac{10}{12} > \frac{9}{12}$

Auch hier stellen wir uns die Brüche wieder als Torten vor:

So vergleichst du Brüche mit <u>verschiedenen</u> Nennern:	So sieht es aus:
1. Diese Aprikosenquarktorte wurde in 6 Stücke geschnitten, von denen noch 5 Stücke vorhanden sind. Als Bruch schreibst du das $\frac{5}{6}$.	$\frac{5}{6}$
2. Diese Schokoladentorte wurde in 4 Stücke geschnitten, von denen noch 3 Stücke vorhanden sind. Als Bruch schreibst du das $\frac{3}{4}$.	$\frac{3}{4}$
3. Beide Torten wurden in unterschiedlich große Stücke geschnitten, die ein direktes Vergleichen nicht möglich machen. Du benötigst bei beiden Torten aber gleich große Stücke. Dein Hauptnenner beträgt 12, da in ihm beide Nenner (6 und 4) enthalten sind.	6 → 2 · 3 4 → 2 · 2 HN → 2 · 2 · 3 = 12
4. Die Aprikosenquarktorte schneidest du in 12 Stücke. Dazu musst du den Bruch mit 2 erweitern (6 · 2 = 12). Schneide dazu die vorhandenen 5 Stücke jeweils in der Mitte. Du erhältst anschließend 5 · 2 = 10 Stücke.	$\frac{5}{6}$ $\frac{10}{12}$
5. Die Schokoladentorte schneidest du ebenfalls in 12 Stücke. Dazu musst du den Bruch mit 3 erweitern (4 · 3 = 12). Schneide dazu die vorhandenen 3 Stücke jeweils in 3 gleich große Stücke. Du erhältst anschließend 3 · 3 = 9 Stücke.	$\frac{3}{4}$ $\frac{9}{12}$

So vergleichst du Brüche mit <u>verschiedenen</u> Nennern:	So sieht es aus:
6. Wie du sehen kannst, sind noch **10 Stücke** von der Aprikosenquarktorte und nur **9 Stücke** von der Schokoladentorte da. Der erste Bruch $\frac{10}{12}$ ist **größer als (>)** der zweite Bruch $\frac{9}{12}$.	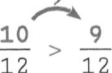 $\frac{10}{12} > \frac{9}{12}$

Beim Vergleichen von Brüchen mit verschiedenen Nennern musst du zuerst die Brüche gleichnamig machen. Anschließend vergleichst du nur die Zähler miteinander und setzt dementsprechend ein Kleiner-als-Zeichen [<], ein Größer-als-Zeichen [>] oder ein Gleichheitszeichen [=], falls die beiden Brüche gleichgroß sind.

4.6. Brüche quadrieren

Du kannst mit Brüchen so ziemlich das Gleiche machen wie mit gewöhnlichen Zahlen. Wie Zahlen kannst du auch Brüche quadrieren. Beim Quadrieren wird ein Bruch mit sich selber multipliziert. Das Symbol für das Quadrieren ist eine hochgestellte 2 (^{2}). Bei einem Bruch quadrierst du den Zähler **und** den Nenner. Stell dir dabei vor, um den gesamten Bruch steht eine Klammer, die du natürlich auch schreiben kannst, da es mathematisch richtig ist. Alles, was in der Klammer steht, wird quadriert.

$$\left(\frac{\text{Zähler}}{\text{Nenner}}\right)^2 = \frac{\text{Zähler}^2}{\text{Nenner}^2} = \frac{\text{Zähler} \cdot \text{Zähler}}{\text{Nenner} \cdot \text{Nenner}}$$

So quadrierst du einen Bruch:	So sieht es aus:
Dieser Bruch soll quadriert werden (die Klammer ist nicht erforderlich, erleichtert aber die Schreibweise).	$\left(\dfrac{2}{5}\right)^2$
1. Da du den **ganzen Bruch** quadrierst, kannst du das hoch 2 (^{2}) in den Zähler und in den Nenner schreiben.	$\left(\dfrac{2}{5}\right)^2 \rightarrow \dfrac{2^2}{5^2}$
2. Quadriere zuerst den Zähler: $2^2 = 2 \cdot 2 = 4$.	$\dfrac{2^2}{5^2} = \dfrac{4}{}$
3. Quadriere dann den Nenner: $5^2 = 5 \cdot 5 = 25$.	$\dfrac{2^2}{5^2} = \dfrac{4}{25}$

Das Quadrieren gleicht einer Multiplikation, in der der Bruch mit sich selber multipliziert wird. Daher könntest du diese Rechnung auch als gewöhnliche Multiplikation schreiben. Diese würde dann lauten: $\left(\frac{2}{5}\right)^2 = \frac{2}{5} \cdot \frac{2}{5}$. Multipliziere die Zähler und die Nenner miteinander: $\frac{2}{5} \cdot \frac{2}{5} = \frac{2 \cdot 2}{5 \cdot 5} = \frac{4}{25}$.

Du musst genau darauf achten, wo das hoch 2 (^{2}) steht! Steht das ^{2} um den ganzen Bruch, so wird auch der ganze Bruch quadriert: $\left(\frac{2}{5}\right)^2 = \frac{2 \cdot 2}{5 \cdot 5} = \frac{4}{25}$. Steht das ^{2} nur im Zähler, so wird auch nur der Zähler quadriert: $\frac{2^2}{5} = \frac{2 \cdot 2}{5} = \frac{4}{5}$. Steht das ^{2} dagegen nur im Nenner, so wird auch nur der Nenner quadriert: $\frac{2}{5^2} = \frac{2}{5 \cdot 5} = \frac{2}{25}$.

4. Rechnen mit Brüchen – Brüche quadrieren

5. Besondere Brüche

Es gibt auch besondere Brüche wie beispielsweise $\frac{1}{5}$, $\frac{6}{6}$ oder $\frac{10}{8}$. Bei einigen besonderen Brüchen musst du nichts weiter beachten, bei den anderen musst du ein wenig rechnen, damit es wieder „gewöhnliche" Brüche werden.

5.1. Stammbruch und Zweigbruch

Bei einem Stammbruch oder ein Zweigbruchb handelt es sich nur um ein optisches Merkmal. Jeder Bruch ist entweder ein Stammbruch oder ein Zweigbruch. Wenn der Zähler in einem Bruch den Wert 1 hat, handelt es sich um einen **Stammbruch**.

Stammbrüche sind z. B. $\frac{1}{5}$ oder $\frac{1}{8}$.

Wenn der Zähler in einem Bruch einen größeren Wert als 1 hat, so handelt es sich um einen **Zweigbruch**. Man sagt auch abgeleiteter Bruch dazu.

Zweigbrüche sind z. B. $\frac{2}{5}$ oder $\frac{5}{8}$.

Bei einem Stammbruch ist der Zählerwert genau 1, bei einem Zweigbruch ist Zählerwert größer als 1.

5.2. Gleichnamige Brüche

Bei der Addition (siehe Seite 26) und Subtraktion (siehe Seite 34) sowie beim Vergleichen von Brüchen (siehe Seite 50) benötigst du so genannte gleichnamige Brüche. Das sind Brüche, die den gleichen Nennerwert haben.

So funktionieren gleichnamige Nenner:	So sieht es aus:
Stelle dir vor, die Brüche wären Puzzleteile. Je nach Nenner ist die Aus- und Einbuchtungen der Puzzleteile anders. Wie du siehst, sehen die Puzzleteile mit einer 5 im Nenner anders aus als die Puzzleteile mit einer 8 im Nenner.	
1. Puzzleteile mit gleichen Aus- und Einbuchtungen (bzw. Brüche mit gleichem Nenner) passen zusammen.	
• Die Ausbuchtung des $\frac{1}{5}$-Puzzleteils passt in die Einbuchtung des $\frac{3}{5}$-Puzzleteils. Du kannst diese Puzzleteile zusammensetzen. Daher kannst du diese Brüche jeweils direkt miteinander addieren bzw. subtrahieren oder vergleichen.	
• Die Ausbuchtung des $\frac{2}{8}$-Puzzleteils passt in die Einbuchtung des $\frac{5}{8}$-Puzzleteils. Du kannst diese Puzzleteile zusammensetzen. Daher kannst du diese Brüche jeweils direkt miteinander addieren bzw. subtrahieren oder vergleichen.	
2. Puzzleteile mit unterschiedlichen Aus- und Einbuchtungen (bzw. Brüche mit unterschiedlichen Nennern) passen nicht zusammen.	
• Die Ausbuchtung des $\frac{1}{5}$-Puzzleteils ist kleiner als die Einbuchtung des $\frac{5}{8}$-Puzzleteils. Du kannst diese Puzzleteile nicht zusammensetzen. Daher kannst du diese Brüche nicht direkt miteinander addieren bzw. subtrahieren oder vergleichen.	

So funktionieren gleichnamige Nenner:	So sieht es aus:
• Die Ausbuchtung des $\frac{1}{5}$-Puzzleteils ist kleiner als die Einbuchtung des $\frac{5}{8}$-Puzzleteils. Du kannst diese Puzzleteile nicht zusammensetzen. Daher kannst du diese Brüche nicht direkt miteinander addieren bzw. subtrahieren oder vergleichen.	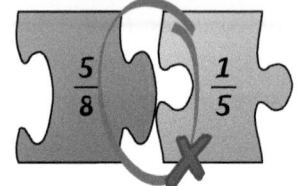

Bei gleichnamigen Brüchen ist der Nennerwert bei allen Brüchen gleich. Du benötigst solche gleichnamigen Brüche bei der Addition und Subtraktion sowie beim Vergleichen von Brüchen.

5.3. Scheinbruch

Alle bis jetzt behandelten Brüche hatten eins gemeinsam: Der Zähler war vom Wert her kleiner als der Nenner. Dieser Bruch stellt somit einen Wert bzw. eine Zahl dar, die kleiner als 1 ist. Wenn die Zahl im Zähler genau so groß ist wie die Zahl im Nenner, handelt es sich um einen **Scheinbruch**, z. B. $\frac{4}{4}$. Dieser Bruch stellt somit einen Wert dar, der genau 1 ist. Du teilst ein Ganzes in 4 Stücke und nimmst davon 4 Stücke, so hast du wieder das Ganze. Es handelt sich daher bei $\frac{4}{4}$ um eine

Ganzzahl (nämlich 1) und somit um gar keinen Bruch. Daher nennt man solche Brüche auch Scheinbrüche. Es ist auch dann ein Scheinbruch, wenn der Zählerwert das Doppelte, Dreifache, Vierfache usw. des Nennerwertes beträgt. Der Bruch $\frac{12}{4}$ ist daher ein Scheinbruch, da er die Ganzzahl 3 darstellt.

Wenn du einen Scheinbruch „enttarnen" willst, teile einfach den Zählerwert durch den Nennerwert. Das Ergebnis ist dann die Ganzzahl. Sollte sich der Zählerwert jedoch nicht ganzzahlig durch den Nennerwert teilen lassen, handelt es sich nicht um einen Scheinbruch, sondern um einen unechten Bruch (siehe nächstes Kapitel).

So wandelst du einen Scheinbruch in eine Ganzzahl um:	So sieht es aus:
Dieser Scheinbruch soll in eine Ganzzahl umgewandelt werden.	$\frac{8}{4}$
1. Teile den Zähler (8) durch den Nenner (4).	$\frac{8}{4} = 8 : 4$
2. Du erhältst als Ergebnis die Ganzzahl 2 (8 : 4 = 2). Der Scheinbruch $\frac{8}{4}$ stellt **2 Ganze** dar.	$\frac{8}{4} = 8 : 4 = 2$

> Bei Scheinbrüchen ist der Zähler ein ganzzahliges Vielfaches des Nenners, also eine Ganzzahl und daher eigentlich kein „echter" Bruch.

Theoretisch könntest du jede Ganzzahl als Bruch schreiben. Im Zähler würde der Wert der Ganzzahl stehen und der Nenner hätte den Wert 1, z. B. $\frac{5}{1}$. Da dieser Bruch kein Teil eines Ganzen darstellt, handelt es sich auch um einen Scheinbruch.

5.4. Unechter Bruch

Ein unechter Bruch ist, wie der Name schon sagt, kein echter Bruch. Er sieht aus wie ein Bruch, besteht auch aus Zähler und Nenner, stellt aber vom Wert her eine Zahl **größer als 1** dar. Das kommt daher, weil der Wert im Zähler größer als der Wert im Nenner ist. Unechte Brüche kannst du in einen gemischten Bruch (siehe nächstes Kapitel) umwandeln und sind beispielsweise $\frac{5}{4}$ oder $\frac{12}{3}$.

> Bei einem unechten Bruch ist der Zählerwert größer als der Nennerwert. Du kannst einen unechten Bruch in einen gemischten Bruch umwandeln.

5. Besondere Brüche – Unechter Bruch

5.5. Gemischter Bruch

Bei einem unechten Bruch ist der Wert im Zähler größer als der Wert im Nenner und der Bruch stellt somit mehr als ein Ganzes dar, z. B. $\frac{5}{4}$. Wandelst du nun einen unechten Bruch in einen gemischten Bruch um, so stellt dieser gemischte Bruch auch mehr als ein Ganzes dar.

Ein gemischter Bruch ist eine Mischung aus zwei Teilen: Er besteht aus einer **Ganzzahl** und einem echten Bruch, auch als **Bruchanteil** bezeichnet. Die Anteile des Bruches, die ein Ganzes bilden, werden als Ganzzahl geschrieben. Der verbleibende Rest ist der echte Bruch. So besteht der gemischte Bruch $1\frac{1}{4}$ aus der Ganzzahl 1 und dem Bruch $\frac{1}{4}$. Würdest du einen gemischten Bruch als „reinen" Bruch schreiben, also ohne die Ganzzahl davor, so hättest du einen unechten Bruch, da die Zahl im Zähler jetzt größer als die Zahl im Nenner wäre. Wenn du $1\frac{1}{4}$ in einen unechten Bruch umwandelst, lautet der Bruch $\frac{5}{4}$ (1 Ganzes + $\frac{1}{4}$ = $\frac{4}{4}$ + $\frac{1}{4}$ = $\frac{5}{4}$).

Um einen unechten Bruch in einen gemischten Bruch umzuwandeln, teilst du den Zählerwert ganzzahlig, also mit Rest, durch den Nennerwert. Das Ergebnis vor dem Rest stellen die Ganzen dar. Der Rest ist der neue Zählerwert des Bruches, der ursprüngliche Nenner wird beibehalten.

So wandelst du einen unechten Bruch um:	So sieht es aus:
Dieser unechte Bruch soll in einen echten Bruch umgewandelt werden.	$\frac{5}{4}$
1. Teile dazu den Zählerwert ganzzahlig durch den Nennerwert: **5 : 4 = 1 Rest 1**.	$\frac{5}{4}$ = 5 : 4 = 1 Rest 1
2. Die **Ganzzahl** gibt an, wie viele **Ganze** in dem Bruch stecken. In diesem Bruch steckt 1 Ganzes.	$\frac{5}{4}$ = 1 (Ganzes)
3. Der **Rest** gibt den **Zählerwert** des Bruchanteils an.	$\frac{5}{4} = 1\frac{1}{?}$
4. Der **ursprüngliche Nenner** bleibt erhalten. Der Bruchanteil lautet als Bruch $\frac{1}{4}$.	$\frac{5}{4} = 1 + \frac{1}{4}$

So wandelst du einen unechten Bruch um:	So sieht es aus:
5. Der unechte Bruch $\frac{5}{4}$ wurde in den gemischten Bruch $1\frac{1}{4}$ umgewandelt. Er besteht aus der **Ganzzahl 1** und dem **Bruchanteil** $\frac{1}{4}$.	$\frac{5}{4} = 1\frac{1}{4}$

Hier das Ganze noch einmal mit Tortenstücken:

So wandelst du einen unechten Bruch um:	So sieht es aus:
Hier hast du **5 Viertel-Stücke** einer Schokoladentorte. Als Bruch sieht das so aus: $\frac{5}{4}$.	$\frac{5}{4}$ $\frac{1}{4}$
1. Mit 4 von diesen Viertel-Stücke kannst du eine ganze Schokoladentorte zusammensetzen, diese **4 Viertel** ergeben **1 ganze Torte** ($\frac{4}{4}$ = 1 Ganzes).	$\frac{4}{4} = 1$
2. Es bleibt dann noch **1 Viertel** ($\frac{1}{4}$) übrig.	$\frac{1}{4}$
3. Der unechte Bruch $\frac{5}{4}$ wurde in den gemischten Bruch $1\frac{1}{4}$ umgewandelt. Er besteht aus der **Ganzzahl 1** und dem **Bruchanteil** $\frac{1}{4}$.	$\frac{5}{4} = 1$ (Ganzes) $+ \frac{1}{4} = 1\frac{1}{4}$

Ein gemischter Bruch stellt mehr als 1 Ganzes dar. Das erkennst du daran, dass eine Ganzzahl vor dem Bruch steht.

5. Besondere Brüche – Gemischter Bruch

5.6. Doppelbruch

Ein Doppelbruch ist ein Bruch, der durch einen weiteren Bruch geteilt wird, also ein Bruch im Bruch. Das heißt, dass der Zähler und/oder der Nenner wiederum ein Bruch ist.

Zum Ausrechnen eines Doppelbruches multiplizierst du zunächst den Zähler des oberen Bruches mit dem Nenner des unteren Bruches und anschließend multiplizierst du den Nenner des oberen Bruches mit dem Zähler des unteren Bruches.

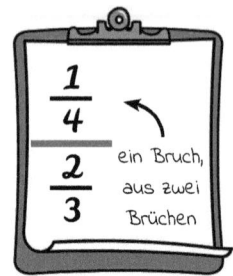

So rechnest du einen Doppelbruch aus:	So sieht es aus:
Dieser Doppelbruch soll ausgerechnet werden. Er besteht aus zwei Brüchen, je einer im Zähler und einer im Nenner.	$\dfrac{\frac{1}{4}}{\frac{2}{3}}$
1. Um einen Doppelbruch auszurechnen, multiplizierst du zunächst den Zähler des oberen Bruches (**1**) mit dem Nenner des unteren Bruches (**3**): **1 · 3 = 3**.	$\dfrac{\frac{1}{4}}{\frac{2}{3}} = \dfrac{1 \cdot 3}{} = \dfrac{3}{}$
2. Anschließend multiplizierst du den Nenner des oberen Bruches (**4**) mit dem Zähler des unteren Bruches (**2**): **4 · 2 = 8**. So hast du aus einem Doppelbruch einen normalen Bruch gemacht.	$\dfrac{\frac{1}{4}}{\frac{2}{3}} = \dfrac{1 \cdot 3}{4 \cdot 2} = \dfrac{3}{8}$

Ein Doppelbruch ist ein Bruch, bei dem der Zähler und/oder der Nenner ein weiterer Bruch ist. Zum Ausrechnen multiplizierst du den Zähler des oberen Bruches mit dem Nenner des unteren Bruches und anschließend multiplizierst du den Nenner des oberen Bruches mit dem Zähler des unteren Bruches.

Es gibt durchaus auch Doppelbrüche, die nicht aus zwei Brüchen bestehen. Der Bruch kann auch nur im Zähler stehen und im Nenner eine Ganzzahl. Oder umgekehrt, der Bruch steht nur im Nenner und im Zähler steht die Ganzzahl.

> Achte bei Doppelbrüchen beim Lesen und auch beim Schreiben bzw. Rechnen genau darauf, wo sich der eigentliche Bruchstrich befindet. Dieser befindet sich immer in Höhe des Gleichheitszeichens.

Hier der Doppelbruch, mit dem **Bruch im Zähler**. Bei diesem Doppelbruch wird der Zähler (der Bruch) durch eine Ganzzahl (Nenner) geteilt. Solche Doppelbrüche zu lösen ist einfach: Der einzige Zähler wird der Zähler des neuen Bruches und die beiden Nenner werden miteinander multipliziert.

So rechnest du einen Doppelbruch aus:	So sieht es aus:
Dieser Doppelbruch soll ausgerechnet werden. Bei diesem Doppelbruch steht im Nenner nur eine Ganzzahl.	$\dfrac{\frac{1}{4}}{2}$
1. Der Zähler des oberen Bruches (**1**) wird der Zähler des neuen Bruches.	$\dfrac{\frac{1}{4}}{2} = \dfrac{1}{\ }$
2. Die beiden verbleibenden Nenner (**4** und **2**) werden miteinander multipliziert: $4 \cdot 2 = 8$.	$\dfrac{\frac{1}{4}}{2} = \dfrac{1}{4 \cdot 2} = \dfrac{1}{8}$

> Bei einem Doppelbruch aus Bruch und Ganzzahl wird der Zähler beibehalten und die beiden Nenner werden miteinander multipliziert.

Es auch Doppelbrüche, bei denen der **Bruch im Nenner steht**. Hier wird der Zähler (die Ganzzahl) durch den Bruch (Nenner) geteilt. Um solche Doppelbrüche zu berechnen, multiplizierst du zunächst den Zähler des Hauptbruches mit dem Nenner des unteren Bruches. Der Zähler des Bruches im Nenner (des unteren Bruches) wird der Nenner im neuen Bruch.

So rechnest du einen Doppelbruch aus:	So sieht es aus:
Dieser Doppelbruch soll ausgerechnet werden. Bei diesem Doppelbruch steht im Nenner ein weiterer Bruch.	$\dfrac{5}{\frac{2}{3}}$
1. Um diesen Doppelbruch auszurechnen, multiplizierst du zunächst den Zähler des Hauptbruches (**5**) mit dem Nenner des unteren Bruches (**3**): $5 \cdot 3 = 15$	$\dfrac{5}{\frac{2}{3}} = \dfrac{5 \cdot 3}{} = \dfrac{15}{}$
2. Der Zähler des unteren Bruches (**2**) wird der neue Nenner des Bruches.	$\dfrac{5}{\frac{2}{3}} = \dfrac{5 \cdot 3}{2} = \dfrac{15}{2}$
3. Dein Ergebnis ist ein unechter Bruch, da der Zähler größer als der Nenner ist: Dividiere den Zähler ganzzahlig durch den Nenner: **15 : 2 = 7 Rest 1**. Der gemischte Bruch lautet $7\frac{1}{2}$.	$\dfrac{15}{2} = 15 : 2 = 7 \text{ Rest } 1$ $\dfrac{15}{2} = 7\dfrac{1}{2}$

Zum Ausrechnen multiplizierst du den Zähler des Hauptbruches mit dem Nenner des unteren Bruches. Der Zähler des unteren Bruches wird der Nenner des neuen Bruches.

5.7. Dezimalbruch

Ein **Dezimalbruch** ist ein Bruch, in dessen Nenner eine Zehnerpotenz steht. Solche Zehnerpotenzen sind z. B. 10, 100, 1.000. Daher nennt man so einen Bruch auch **Zehnerbruch**. Einen Dezimalbruch kannst du direkt als Dezimalzahl schreiben. Der Wert des Zählers ist der Wert der Nachkommastellen. Die Anzahl der Nullen des Nenners gibt die Anzahl der Nachkommastellen an. Bei einer 10 ist es 1 Nachkommastelle, bei einer 100 sind es 2 Nachkommastellen usw.

Dezimalbrüche sind z. B. $\frac{4}{10}$ oder $\frac{25}{100}$.

So wandelst du einen Dezimalbruch um:	So sieht es aus:
Dieser Dezimalbruch soll in eine Dezimalzahl umgewandelt werden.	$\frac{4}{10}$
1. Du hast im Nenner eine **10** stehen. Diese hat 1 Null, es ist 1 Nachkommastelle: 0,0.	0,0
2. Der Wert im Zähler wird der Wert der Nachkommastelle, die du von rechts her schreibst: 0,**4**.	0,4

Ein Dezimalbruch ist ein Bruch, in dessen Nenner eine Zehnerpotenz (z. B. 10, 100, 1.000) steht.

5.8. periodischer Dezimalbruch

In Kapitel 2.3 auf Seite 11 hast du gelernt, wie du einen Bruch in eine Kommazahl umwandelst. Es gibt spezielle Brüche, wie z. B. $\frac{1}{3}$ oder $\frac{5}{9}$, die du nicht exakt als Kommazahl schreiben kannst, da diese Zahl kein Ende hat. Du kannst an ihr immer weiter rechnen. Würden wir den Bruch $\frac{1}{3}$ in eine Zahl umwandeln, könnten wir dieses Buch mit Ziffern füllen, bis wir an die Grenzen des Verlages stoßen würden und hätten immer noch nicht alle Stellen berechnet. Denn $\frac{1}{3}$ = 1 : 3 = 0,3333333333...

Viele dieser Brüche haben jedoch Regelmäßigkeiten im Ergebnis, die immer wieder auftreten. Diese Regelmäßigkeiten nennt man **Periode**. Daher bezeichnet man solche Brüche als periodische Dezimalbrüche. Erkennst du eine solche Periode, kannst du mit der Berechnung aufhören. Über die sich immer wieder wiederholenden Ziffern ziehst du dann eine Linie, damit wird die Periode gekennzeichnet. Bei dem Bruch $\frac{1}{3}$ wiederholt sich die 3 ständig, daher ist sie die Periode. Du schreibst $\frac{1}{3}$ = $0,\overline{3}$ und gesprochen wird es „Null Komma Periode drei".

So wendest du die Periode an:	So sieht es aus:
Dieser Bruch soll in eine Dezimalzahl umgewandelt werden.	$\frac{1}{3}$
1. Du dividierst dazu den Zähler durch den Nenner: 1 : 3 = 0,3333333333.... Dein Ergebnis hört allerdings nicht auf, es geht mit der 3 immer weiter (alle 3er stellen die Periode dar).	1 : 3 = 0 , 3 3 3 3 3 3 3 3 3 3 ...
2. Über die sich ständig wiederholende Ziffer ziehst du eine Linie, damit wird die Periode gekennzeichnet: $\overline{3}$.	1 : 3 = 0 , 3 3 3 3 3 3 3 3 3 3 ... 1 : 3 = 0 , $\overline{3}$

Ein periodischer Dezimalbruch hat kein Ende. Die Nachkommaziffern wiederholen sich in einer ständigen Reihenfolge, die Periode genannt wird. Sie wird mit einer Linie dargestellt, die über den sich ständig wiederholenden Ziffern (Periode) verläuft.

6. Übungsaufgaben

Nachdem du nun die Grundlagen des Bruchrechnens gelernt hast, ist es an der Zeit, dein neues Wissen anzuwenden. Hier findest du viele Übungsaufgaben, bei denen du ausgiebig üben kannst.

Übungen zu „Was ist ein Bruch?"

→ die Lösungen stehen ab Seite 79

1. **Wie heißen die Bestandteile eines Bruches?**

   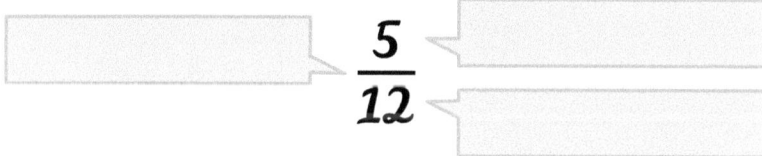

2. **Welcher Bruch ist mit der dunklen Fläche dargestellt?**

   a) ◐ = ___   b) ◐ = ___   c) ◐ = ___

   d) ◐ = ___   e) ◐ = ___   f) ◐ = ___

   g) ◐ = ___   h) ◐ = ___   i) 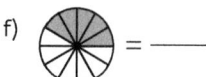 = ___

   j) 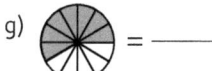 = ___   k) 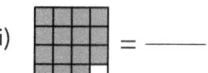 = ___   l) 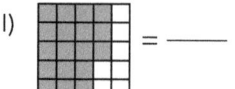 = ___

3. Male den dazugehörigen Bruch an.

a) $\frac{1}{4} =$
b) $\frac{1}{3} =$
c) $\frac{4}{5} =$
d) $\frac{2}{8} =$
e) $\frac{5}{12} =$
f) $\frac{10}{12} =$
g) $\frac{7}{18} =$
h) $\frac{11}{18} =$
i) $\frac{5}{16} =$
j) $\frac{17}{24} =$
k) $\frac{19}{32} =$
l) $\frac{9}{25} =$

Übungen zu „Größer, aber doch gleich – Erweitern"

→ die Lösungen stehen ab Seite 81

4. Erweitere die Brüche mit der Zahl, die in der Klammer dahinter steht.

a) $\frac{3}{4}$ (5)
b) $\frac{1}{5}$ (4)
c) $\frac{5}{6}$ (7)
d) $\frac{2}{7}$ (6)

e) $\frac{4}{9}$ (11)
f) $\frac{8}{11}$ (9)
g) $\frac{2}{13}$ (3)
h) $\frac{7}{15}$ (7)

i) $\frac{13}{18}$ (6)
j) $\frac{7}{23}$ (5)
k) $\frac{14}{25}$ (11)
l) $\frac{11}{34}$ (8)

5. Erweitere die Brüche auf den angegebenen Nenner.

a) $\frac{7}{8} = \frac{}{24}$
b) $\frac{6}{9} = \frac{}{54}$
c) $\frac{10}{11} = \frac{}{33}$
d) $\frac{16}{23} = \frac{}{69}$

e) $\frac{11}{18} = \frac{}{90}$
f) $\frac{7}{13} = \frac{}{104}$
g) $\frac{9}{15} = \frac{}{90}$
h) $\frac{3}{8} = \frac{}{96}$

i) $\frac{4}{11} = \frac{}{110}$
j) $\frac{23}{25} = \frac{}{150}$
k) $\frac{17}{32} = \frac{}{256}$
l) $\frac{21}{34} = \frac{}{102}$

6. Erweitere die Brüche auf den angegebenen Zähler.

a) $\frac{7}{8} = \frac{35}{}$ b) $\frac{6}{9} = \frac{54}{}$ c) $\frac{10}{11} = \frac{100}{}$ d) $\frac{17}{23} = \frac{68}{}$

e) $\frac{11}{18} = \frac{77}{}$ f) $\frac{7}{13} = \frac{56}{}$ g) $\frac{7}{12} = \frac{28}{}$ h) $\frac{4}{9} = \frac{20}{}$

i) $\frac{18}{21} = \frac{126}{}$ j) $\frac{27}{36} = \frac{135}{}$ k) $\frac{11}{28} = \frac{44}{}$ l) $\frac{7}{13} = \frac{49}{}$

7. Mit welcher Zahl wurde erweitert?

a) $\frac{3}{17} = \frac{9}{51}$ b) $\frac{4}{11} = \frac{16}{44}$ c) $\frac{4}{5} = \frac{32}{40}$ d) $\frac{7}{8} = \frac{35}{40}$

e) $\frac{11}{18} = \frac{77}{126}$ f) $\frac{7}{13} = \frac{63}{117}$ g) $\frac{7}{8} = \frac{63}{72}$ h) $\frac{7}{9} = \frac{42}{54}$

i) $\frac{10}{11} = \frac{30}{33}$ j) $\frac{16}{23} = \frac{64}{92}$ k) $\frac{11}{18} = \frac{66}{108}$ l) $\frac{15}{23} = \frac{120}{184}$

Übungen zu „Kleiner, aber doch gleich - Kürzen"

→ die Lösungen stehen ab Seite 82

8. Kürze die Brüche mit der Zahl, die in der Klammer dahinter steht.

a) $\frac{18}{24}$ (6) h) $\frac{3}{15}$ (3) c) $\frac{40}{48}$ (8) d) $\frac{14}{49}$ (7)

e) $\frac{36}{81}$ (9) f) $\frac{32}{44}$ (4) g) $\frac{15}{36}$ (3) h) $\frac{28}{77}$ (7)

i) $\frac{18}{48}$ (6) j) $\frac{50}{65}$ (5) k) $\frac{66}{77}$ (11) l) $\frac{48}{64}$ (16)

9. Kürze die Brüche auf den angegebenen Nenner.

a) $\frac{6}{15} = \frac{}{5}$ b) $\frac{3}{18} = \frac{}{6}$ c) $\frac{10}{16} = \frac{}{8}$ d) $\frac{32}{72} = \frac{}{9}$

e) $\frac{12}{18} = \frac{}{3}$ f) $\frac{24}{96} = \frac{}{4}$ g) $\frac{65}{120} = \frac{}{24}$ h) $\frac{72}{84} = \frac{}{7}$

i) $\frac{132}{180} = \frac{}{15}$ j) $\frac{56}{72} = \frac{}{9}$ k) $\frac{72}{108} = \frac{}{3}$ l) $\frac{35}{65} = \frac{}{13}$

10. Kürze die Brüche auf den angegebenen Zähler.

a) $\dfrac{56}{63} = \dfrac{8}{}$ b) $\dfrac{6}{9} = \dfrac{2}{}$ c) $\dfrac{70}{77} = \dfrac{10}{}$ d) $\dfrac{32}{46} = \dfrac{16}{}$

e) $\dfrac{55}{90} = \dfrac{11}{}$ f) $\dfrac{21}{39} = \dfrac{7}{}$ g) $\dfrac{84}{96} = \dfrac{7}{}$ h) $\dfrac{91}{117} = \dfrac{7}{}$

i) $\dfrac{117}{171} = \dfrac{13}{}$ j) $\dfrac{102}{144} = \dfrac{17}{}$ k) $\dfrac{126}{147} = \dfrac{6}{}$ l) $\dfrac{104}{176} = \dfrac{13}{}$

11. Mit welcher Zahl wurde gekürzt?

a) $\dfrac{12}{16} = \dfrac{3}{4}$ b) $\dfrac{24}{40} = \dfrac{3}{5}$ c) $\dfrac{54}{63} = \dfrac{6}{7}$ d) $\dfrac{32}{72} = \dfrac{4}{9}$

e) $\dfrac{28}{77} = \dfrac{4}{11}$ f) $\dfrac{39}{45} = \dfrac{13}{15}$ g) $\dfrac{49}{84} = \dfrac{7}{12}$ h) $\dfrac{80}{128} = \dfrac{5}{8}$

i) $\dfrac{81}{117} = \dfrac{9}{13}$ j) $\dfrac{84}{204} = \dfrac{7}{17}$ k) $\dfrac{162}{252} = \dfrac{9}{14}$ l) $\dfrac{216}{342} = \dfrac{12}{19}$

Übungen zu Alle sind gleich – Hauptnenner suchen

→ die Lösungen stehen ab Seite 83

12. Suche den Hauptnenner der einzelnen Brüche.

a) $\dfrac{3}{4}; \dfrac{19}{24}$ b) $\dfrac{3}{5}; \dfrac{21}{25}$ c) $\dfrac{5}{6}; \dfrac{37}{48}$ d) $\dfrac{4}{7}; \dfrac{5}{8}$ e) $\dfrac{1}{6}; \dfrac{2}{9}$

f) $\dfrac{7}{8}; \dfrac{5}{12}$ g) $\dfrac{7}{12}; \dfrac{9}{14}$ h) $\dfrac{5}{12}; \dfrac{13}{16}$ i) $\dfrac{7}{18}; \dfrac{10}{27}$ j) $\dfrac{11}{24}; \dfrac{25}{36}$

k) $\dfrac{1}{3}; \dfrac{3}{4}; \dfrac{5}{6}$ l) $\dfrac{3}{8}; \dfrac{1}{4}; \dfrac{2}{5}$ m) $\dfrac{5}{12}; \dfrac{7}{18}; \dfrac{15}{16}$ n) $\dfrac{11}{18}; \dfrac{5}{24}; \dfrac{7}{36}$ o) $\dfrac{1}{3}; \dfrac{3}{4}; \dfrac{5}{6}; \dfrac{2}{5}$

p) $\dfrac{3}{8}; \dfrac{2}{7}; \dfrac{3}{4}; \dfrac{5}{6}$ q) $\dfrac{7}{18}; \dfrac{15}{24}; \dfrac{11}{36}; \dfrac{33}{48}$ r) $\dfrac{13}{56}; \dfrac{15}{72}; \dfrac{21}{56}; \dfrac{29}{63}$

Übungen zu „Addition von Brüchen mit gleichen Nennern"

→ die Lösungen stehen ab Seite 85

13. Addiere die beiden Brüche und kürze wenn möglich.

a) $\frac{1}{5} + \frac{2}{5}$ b) $\frac{2}{7} + \frac{4}{7}$ c) $\frac{1}{8} + \frac{4}{8}$ d) $\frac{2}{6} + \frac{3}{6}$ e) $\frac{5}{12} + \frac{4}{12}$

f) $\frac{5}{14} + \frac{7}{14}$ g) $\frac{7}{17} + \frac{8}{17}$ h) $\frac{15}{23} + \frac{2}{23}$ i) $\frac{9}{28} + \frac{14}{28}$ j) $\frac{9}{32} + \frac{19}{32}$

k) $\frac{15}{58} + \frac{35}{58}$ l) $\frac{24}{72} + \frac{37}{72}$ m) $\frac{37}{78} + \frac{28}{78}$ n) $\frac{45}{93} + \frac{45}{93}$ o) $\frac{53}{144} + \frac{67}{144}$

p) $\frac{63}{165} + \frac{52}{165}$ q) $\frac{124}{210} + \frac{86}{210}$ r) $\frac{185}{322} + \frac{127}{322}$

Übungen zu „Addition von Brüchen mit verschiedenen Nennern"

→ die Lösungen stehen ab Seite 85

14. Addiere die beiden Brüche und kürze wenn möglich.

a) $\frac{1}{3} + \frac{1}{6}$ b) $\frac{2}{8} + \frac{1}{4}$ c) $\frac{3}{12} + \frac{2}{6}$ d) $\frac{3}{5} + \frac{3}{10}$ e) $\frac{5}{12} + \frac{3}{8}$

f) $\frac{4}{7} + \frac{3}{21}$ g) $\frac{2}{6} + \frac{4}{7}$ h) $\frac{3}{8} + \frac{2}{6}$ i) $\frac{4}{12} + \frac{3}{7}$ j) $\frac{6}{15} + \frac{7}{20}$

k) $\frac{5}{18} + \frac{9}{24}$ l) $\frac{5}{16} + \frac{8}{24}$ m) $\frac{7}{21} + \frac{8}{15}$ n) $\frac{11}{32} + \frac{16}{28}$ o) $\frac{19}{48} + \frac{24}{63}$

p) $\frac{29}{56} + \frac{19}{72}$ q) $\frac{25}{104} + \frac{35}{84}$ r) $\frac{24}{128} + \frac{72}{136}$

Übungen zu „Addition von mehreren Brüchen"

→ die Lösungen stehen ab Seite 87

15. Addiere die Brüche und kürze wenn möglich.

a) $\frac{1}{6}+\frac{2}{6}+\frac{2}{6}$ b) $\frac{2}{9}+\frac{3}{9}+\frac{2}{9}$ c) $\frac{1}{8}+\frac{4}{8}+\frac{3}{8}$ d) $\frac{3}{16}+\frac{6}{16}+\frac{5}{16}$

e) $\frac{3}{18}+\frac{4}{18}+\frac{7}{18}$ f) $\frac{5}{24}+\frac{6}{24}+\frac{7}{24}$ g) $\frac{11}{37}+\frac{18}{37}+\frac{14}{37}$ h) $\frac{19}{53}+\frac{8}{53}+\frac{23}{53}$

i) $\frac{31}{64}+\frac{19}{64}+\frac{38}{64}$ j) $\frac{1}{3}+\frac{3}{4}+\frac{4}{6}$ k) $\frac{4}{5}+\frac{3}{8}+\frac{2}{6}$ l) $\frac{2}{7}+\frac{3}{6}+\frac{5}{9}$

m) $\frac{7}{12}+\frac{8}{16}+\frac{3}{4}$ n) $\frac{15}{32}+\frac{25}{48}+\frac{11}{16}$ o) $\frac{9}{18}+\frac{14}{28}+\frac{18}{21}$ p) $\frac{9}{36}+\frac{21}{42}+\frac{32}{48}$

q) $\frac{14}{56}+\frac{35}{63}+\frac{42}{72}$ r) $\frac{24}{72}+\frac{37}{84}+\frac{47}{48}$

Übungen zu „Subtraktion von Brüchen mit gleichen Nennern"

→ die Lösungen stehen ab Seite 89

16. Subtrahiere die beiden Brüche und kürze wenn möglich.

a) $\frac{4}{5}-\frac{2}{5}$ b) $\frac{3}{4}-\frac{1}{4}$ c) $\frac{6}{7}-\frac{4}{7}$ d) $\frac{5}{8}-\frac{3}{8}$

e) $\frac{2}{6}-\frac{1}{6}$ f) $\frac{7}{12}-\frac{4}{12}$ g) $\frac{9}{14}-\frac{6}{14}$ h) $\frac{11}{17}-\frac{9}{17}$

i) $\frac{22}{25}-\frac{12}{25}$ j) $\frac{27}{34}-\frac{15}{34}$ k) $\frac{49}{51}-\frac{44}{51}$ l) $\frac{37}{72}-\frac{24}{72}$

m) $\frac{6}{100}-\frac{2}{100}$ n) $\frac{55}{96}-\frac{42}{96}$ o) $\frac{62}{84}-\frac{58}{84}$ p) $\frac{72}{126}-\frac{15}{126}$

q) $\frac{134}{216}-\frac{68}{216}$ r) $\frac{181}{356}-\frac{92}{356}$

Übungen zu „Subtraktion von Brüchen mit verschiedenen Nennern"

→ die Lösungen stehen ab Seite 89

17. Subtrahiere die beiden Brüche und kürze wenn möglich.

a) $\dfrac{3}{4} - \dfrac{1}{2}$ b) $\dfrac{2}{3} - \dfrac{2}{6}$ c) $\dfrac{5}{8} - \dfrac{2}{4}$ d) $\dfrac{8}{12} - \dfrac{1}{6}$ e) $\dfrac{11}{16} - \dfrac{5}{8}$

f) $\dfrac{20}{24} - \dfrac{3}{6}$ g) $\dfrac{33}{36} - \dfrac{1}{4}$ h) $\dfrac{32}{48} - \dfrac{5}{16}$ i) $\dfrac{6}{7} - \dfrac{2}{5}$ j) $\dfrac{5}{6} - \dfrac{4}{7}$

k) $\dfrac{5}{8} - \dfrac{4}{9}$ l) $\dfrac{7}{8} - \dfrac{3}{25}$ m) $\dfrac{9}{12} - \dfrac{4}{7}$ n) $\dfrac{13}{16} - \dfrac{3}{5}$ o) $\dfrac{24}{27} - \dfrac{13}{16}$

p) $\dfrac{41}{52} - \dfrac{17}{24}$ q) $\dfrac{63}{72} - \dfrac{27}{56}$ r) $\dfrac{82}{128} - \dfrac{33}{96}$

Übungen zu „Subtraktion von mehreren Brüchen"

→ die Lösungen stehen ab Seite 91

18. Subtrahiere die Brüche und kürze wenn möglich.

a) $\dfrac{7}{8} - \dfrac{3}{8} - \dfrac{2}{8}$ b) $\dfrac{8}{9} - \dfrac{3}{9} - \dfrac{4}{9}$ c) $\dfrac{11}{15} - \dfrac{6}{15} - \dfrac{3}{15}$ d) $\dfrac{13}{17} - \dfrac{5}{17} - \dfrac{2}{17}$

e) $\dfrac{17}{21} - \dfrac{4}{21} - \dfrac{6}{21}$ f) $\dfrac{21}{34} - \dfrac{7}{34} - \dfrac{9}{34}$ g) $\dfrac{9}{12} - \dfrac{1}{2} - \dfrac{1}{6}$ h) $\dfrac{15}{18} - \dfrac{1}{3} - \dfrac{2}{6}$

i) $\dfrac{23}{28} - \dfrac{3}{7} - \dfrac{1}{4}$ j) $\dfrac{28}{36} - \dfrac{3}{9} - \dfrac{4}{12}$ k) $\dfrac{39}{48} - \dfrac{3}{16} - \dfrac{5}{12}$ l) $\dfrac{59}{72} - \dfrac{7}{18} - \dfrac{1}{4}$

m) $\dfrac{7}{8} - \dfrac{1}{3} - \dfrac{2}{5}$ n) $\dfrac{35}{42} - \dfrac{3}{12} - \dfrac{4}{7}$ o) $\dfrac{31}{36} - \dfrac{2}{8} - \dfrac{3}{5}$ p) $\dfrac{19}{24} - \dfrac{13}{27} - \dfrac{11}{36}$

q) $\dfrac{24}{36} - \dfrac{4}{18} - \dfrac{8}{21}$ r) $\dfrac{39}{48} - \dfrac{13}{27} - \dfrac{9}{32}$

Übungen zu „Multiplikation von Brüchen"

→ die Lösungen stehen ab Seite 93

19. Multipliziere die Brüche miteinander und kürze wenn möglich.

a) $\dfrac{1}{4} \cdot \dfrac{1}{2}$ b) $\dfrac{1}{3} \cdot \dfrac{2}{3}$ c) $\dfrac{2}{4} \cdot \dfrac{3}{5}$ d) $\dfrac{4}{7} \cdot \dfrac{3}{4}$ e) $\dfrac{5}{7} \cdot \dfrac{6}{8}$

f) $\dfrac{2}{9} \cdot \dfrac{5}{7}$ g) $\dfrac{7}{12} \cdot \dfrac{3}{4}$ h) $\dfrac{5}{14} \cdot \dfrac{2}{3}$ i) $\dfrac{11}{15} \cdot \dfrac{4}{5}$ j) $\dfrac{12}{14} \cdot \dfrac{7}{8}$

k) $\dfrac{13}{18} \cdot \dfrac{5}{9}$ l) $\dfrac{7}{21} \cdot \dfrac{3}{6}$ m) $\dfrac{9}{11} \cdot \dfrac{4}{13}$ n) $\dfrac{7}{13} \cdot \dfrac{6}{15}$ o) $\dfrac{3}{12} \cdot \dfrac{9}{16}$

p) $\dfrac{8}{23} \cdot \dfrac{13}{20}$ q) $\dfrac{12}{17} \cdot \dfrac{25}{34}$ r) $\dfrac{21}{32} \cdot \dfrac{20}{45}$

Übungen zu „Multiplikation von mehreren Brüchen"

→ die Lösungen stehen ab Seite 93

20. Multipliziere die Brüche miteinander und kürze wenn möglich.

a) $\dfrac{1}{2} \cdot \dfrac{3}{4} \cdot \dfrac{4}{6}$ b) $\dfrac{3}{5} \cdot \dfrac{5}{7} \cdot \dfrac{1}{3}$ c) $\dfrac{2}{5} \cdot \dfrac{3}{5} \cdot \dfrac{4}{5}$ d) $\dfrac{5}{8} \cdot \dfrac{4}{6} \cdot \dfrac{3}{7}$ e) $\dfrac{11}{12} \cdot \dfrac{1}{3} \cdot \dfrac{3}{4}$

f) $\dfrac{4}{9} \cdot \dfrac{2}{3} \cdot \dfrac{2}{6}$ g) $\dfrac{7}{9} \cdot \dfrac{6}{8} \cdot \dfrac{2}{5}$ h) $\dfrac{7}{15} \cdot \dfrac{1}{4} \cdot \dfrac{2}{6}$ i) $\dfrac{8}{16} \cdot \dfrac{4}{5} \cdot \dfrac{7}{9}$ j) $\dfrac{5}{18} \cdot \dfrac{7}{12} \cdot \dfrac{2}{3}$

k) $\dfrac{12}{14} \cdot \dfrac{11}{19} \cdot \dfrac{5}{7}$ l) $\dfrac{4}{9} \cdot \dfrac{12}{14} \cdot \dfrac{15}{18}$ m) $\dfrac{3}{4} \cdot \dfrac{5}{7} \cdot \dfrac{1}{3} \cdot \dfrac{2}{6}$ n) $\dfrac{3}{5} \cdot \dfrac{1}{2} \cdot \dfrac{2}{4} \cdot \dfrac{2}{3}$ o) $\dfrac{2}{7} \cdot \dfrac{5}{6} \cdot \dfrac{7}{9} \cdot \dfrac{3}{8}$

p) $\dfrac{5}{6} \cdot \dfrac{3}{4} \cdot \dfrac{4}{5} \cdot \dfrac{1}{2}$ q) $\dfrac{7}{8} \cdot \dfrac{1}{3} \cdot \dfrac{2}{4} \cdot \dfrac{4}{9}$ r) $\dfrac{1}{5} \cdot \dfrac{2}{6} \cdot \dfrac{3}{7} \cdot \dfrac{4}{8}$

Übungen zu „Multiplikation eines Bruches mit einer Ganzzahl"

→ die Lösungen stehen ab Seite 94

21. Multipliziere den Bruch mit der Ganzzahl und vereinfache wenn möglich.

a) $\frac{1}{2} \cdot 2$ b) $\frac{2}{3} \cdot 5$ c) $\frac{3}{5} \cdot 4$ d) $\frac{5}{8} \cdot 6$ e) $\frac{3}{4} \cdot 3$

f) $\frac{6}{9} \cdot 7$ g) $\frac{9}{14} \cdot 4$ h) $\frac{7}{15} \cdot 8$ i) $\frac{2}{4} \cdot 12$ j) $\frac{7}{9} \cdot 15$

k) $\frac{11}{16} \cdot 16$ l) $\frac{23}{35} \cdot 19$ m) $\frac{15}{36} \cdot 21$ n) $\frac{28}{77} \cdot 16$ o) $\frac{18}{48} \cdot 17$

p) $\frac{50}{65} \cdot 21$ q) $\frac{132}{154} \cdot 16$ r) $\frac{96}{128} \cdot 31$

Übungen zu „Division von Brüchen"

→ die Lösungen stehen ab Seite 94

22. Dividiere die Brüche und vereinfache wenn möglich.

a) $\frac{1}{2} : \frac{1}{3}$ b) $\frac{3}{5} : \frac{2}{6}$ c) $\frac{2}{3} : \frac{4}{5}$ d) $\frac{4}{9} : \frac{1}{4}$ e) $\frac{13}{15} : \frac{2}{4}$

f) $\frac{3}{4} : \frac{2}{4}$ g) $\frac{1}{3} : \frac{5}{6}$ h) $\frac{2}{8} : \frac{4}{7}$ i) $\frac{1}{4} : \frac{6}{8}$ j) $\frac{5}{6} : \frac{8}{9}$

k) $\frac{3}{8} : \frac{6}{9}$ l) $\frac{9}{12} : \frac{6}{8}$ m) $\frac{8}{15} : \frac{7}{12}$ n) $\frac{12}{17} : \frac{11}{14}$ o) $\frac{15}{22} : \frac{13}{16}$

p) $\frac{16}{34} : \frac{12}{22}$ q) $\frac{12}{35} : \frac{21}{38}$ r) $\frac{27}{56} : \frac{9}{23}$

Übungen zu „Division eines Bruches durch eine Ganzzahl"

→ die Lösungen stehen ab Seite 95

23. Dividiere den Bruch durch die Ganzzahl und vereinfache wenn möglich.

a) $\frac{1}{2} : 6$ b) $\frac{3}{5} : 3$ c) $\frac{1}{4} : 8$ d) $\frac{4}{9} : 7$ e) $\frac{3}{8} : 9$

f) $\frac{3}{4} : 4$ g) $\frac{15}{36} : 3$ h) $\frac{2}{7} : 7$ i) $\frac{9}{12} : 11$ j) $\frac{5}{11} : 5$

k) $\frac{13}{15} : 4$ l) $\frac{15}{22} : 8$ m) $\frac{2}{5} : 11$ n) $\frac{3}{4} : 12$ o) $\frac{25}{13} : 6$

p) $\frac{16}{5} : 7$ q) $\frac{32}{9} : 13$ r) $\frac{84}{12} : 7$

Übungen zu „Brüche vergleichen"

→ die Lösungen stehen ab Seite 95

24. Vergleiche die Brüche.

a) $\frac{3}{5}$ $\frac{4}{5}$ b) $\frac{5}{7}$ $\frac{2}{7}$ c) $\frac{4}{8}$ $\frac{6}{8}$ d) $\frac{7}{11}$ $\frac{5}{11}$ e) $\frac{3}{4}$ $\frac{2}{5}$

f) $\frac{5}{9}$ $\frac{2}{3}$ g) $\frac{3}{6}$ $\frac{4}{8}$ h) $\frac{5}{9}$ $\frac{6}{7}$ i) $\frac{7}{8}$ $\frac{3}{5}$ j) $\frac{2}{9}$ $\frac{1}{4}$

k) $\frac{8}{11}$ $\frac{1}{2}$ l) $\frac{3}{4}$ $\frac{9}{12}$ m) $\frac{7}{15}$ $\frac{11}{30}$ n) $\frac{7}{12}$ $\frac{22}{36}$ o) $\frac{2}{5}$ $\frac{1}{5}$ $\frac{3}{8}$

p) $\frac{5}{9}$ $\frac{2}{3}$ $\frac{7}{8}$ q) $\frac{3}{4}$ $\frac{8}{12}$ $\frac{5}{20}$ r) $\frac{9}{12}$ $\frac{6}{8}$ $\frac{2}{14}$

Übungen zu „Brüche quadrieren"

→ die Lösungen stehen ab Seite 96

25. Quadriere. Achte genau darauf, wo das hoch 2 (²) steht.

a) $\left(\frac{1}{4}\right)^2$ b) $\left(\frac{2}{3}\right)^2$ c) $\left(\frac{2}{5}\right)^2$ d) $\left(\frac{6}{7}\right)^2$ e) $\left(\frac{5}{9}\right)^2$ f) $\left(\frac{4}{11}\right)^2$

g) $\left(\frac{7}{12}\right)^2$ h) $\left(\frac{8}{15}\right)^2$ i) $\frac{11^2}{12}$ j) $\frac{5^2}{9}$ k) $\frac{9^2}{25}$ l) $\frac{15^2}{32^2}$

m) $\frac{3}{5^2}$ n) $\frac{3}{8^2}$ o) $\frac{4^2}{7}$ p) $\frac{3^2}{5}$ q) $\frac{7}{12^2}$ r) $\frac{16^2}{25^2}$

Übungen zu „Gemischter Bruch"

→ die Lösungen stehen ab Seite 97

26. Wandle den unechten Bruch in einen gemischten Bruch um.

a) $\frac{4}{3}$ b) $\frac{5}{2}$ c) $\frac{7}{4}$ d) $\frac{6}{5}$ e) $\frac{9}{4}$ f) $\frac{8}{3}$

g) $\frac{12}{7}$ h) $\frac{14}{9}$ i) $\frac{21}{5}$ j) $\frac{26}{8}$ k) $\frac{33}{12}$ l) $\frac{39}{15}$

m) $\frac{45}{20}$ n) $\frac{56}{24}$ o) $\frac{62}{37}$ p) $\frac{83}{3}$ q) $\frac{107}{5}$ r) $\frac{119}{19}$

Übungen zu „Doppelbruch"

→ die Lösungen stehen ab Seite 97

27. Wandle den Doppelbruch in einen gewöhnlichen Bruch um.

a) $\frac{\frac{1}{2}}{\frac{1}{3}}$ b) $\frac{\frac{2}{5}}{\frac{2}{6}}$ c) $\frac{\frac{2}{3}}{\frac{1}{4}}$ d) $\frac{\frac{4}{5}}{\frac{4}{9}}$ e) $\frac{\frac{5}{6}}{\frac{2}{8}}$ f) $\frac{\frac{6}{9}}{\frac{3}{4}}$

g) $\frac{\frac{1}{3}}{\frac{4}{7}}$ h) $\frac{\frac{3}{8}}{\frac{2}{4}}$ i) $\frac{\frac{1}{4}}{\frac{8}{9}}$ j) $\frac{\frac{6}{8}}{\frac{5}{6}}$ k) $\frac{\frac{6}{8}}{4}$ l) $\frac{\frac{2}{4}}{5}$

m) $\dfrac{\frac{4}{9}}{6}$ n) $\dfrac{\frac{3}{5}}{8}$ o) $\dfrac{12}{\frac{3}{4}}$ p) $\dfrac{5}{\frac{2}{3}}$ q) $\dfrac{6}{\frac{4}{9}}$ r) $\dfrac{2}{\frac{3}{7}}$

Übungen zu „Dezimalbruch"

→ die Lösungen stehen ab Seite 98

28. Wandle den Dezimalbruch in eine Dezimalzahl um.

a) $\dfrac{4}{10}$ b) $\dfrac{6}{10}$ c) $\dfrac{9}{10}$ d) $\dfrac{17}{100}$ e) $\dfrac{28}{100}$ f) $\dfrac{35}{100}$

g) $\dfrac{54}{100}$ h) $\dfrac{7}{100}$ i) $\dfrac{72}{100}$ j) $\dfrac{40}{1000}$ k) $\dfrac{99}{1000}$ l) $\dfrac{123}{1000}$

m) $\dfrac{325}{1000}$ n) $\dfrac{684}{1000}$ o) $\dfrac{5}{1000}$ p) $\dfrac{4587}{10000}$ q) $\dfrac{752}{10000}$ r) $\dfrac{1610}{100000}$

Übungen zu „periodischer Dezimalbruch"

→ die Lösungen stehen ab Seite 98

29. Wandle den Bruch in eine periodische Dezimalzahl um.

a) $\dfrac{2}{3}$ b) $\dfrac{1}{6}$ c) $\dfrac{5}{9}$ d) $\dfrac{14}{33}$ e) $\dfrac{3}{37}$ f) $\dfrac{16}{99}$

g) $\dfrac{5}{6}$ h) $\dfrac{1}{9}$ i) $\dfrac{4}{9}$ j) $\dfrac{19}{75}$ k) $\dfrac{103}{370}$ l) $\dfrac{677}{1375}$

7. Lösungen

Die gezeigten Lösungen sind nur eine Variante – du kannst die Aufgaben auch anders lösen. Wichtig ist dabei nur, dass dein Ergebnis am Ende dem unserer Lösung entspricht.

Das Schema des Lösungsweges ist wie folgt: Zuerst wird versucht, die Brüche durch Kürzen zu vereinfachen. Falls erforderlich, wird zunächst der Hauptnenner gesucht. Anschließend wird die eigentliche Rechnung (z. B. Addition) durchgeführt. Zum Schluss wird wieder versucht, den Bruch zu vereinfachen, indem er gekürzt oder als gemischter Bruch geschrieben wird.

Lösungen zu „Was ist ein Bruch?" (Seite 67):

1. Wie heißen die Bestandteile eines Bruches?

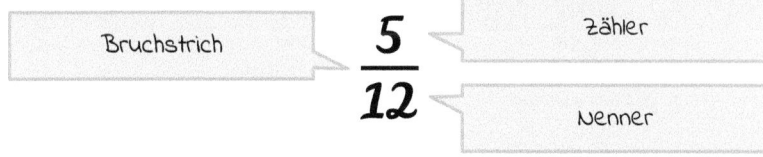

2. Welcher Bruch ist mit der dunklen Fläche dargestellt?

a) $= \dfrac{1}{4}$

1 (Zähler) der 4 (Nenner) Flächen ist dunkel

b)  $= \dfrac{2}{3}$

2 (Zähler) der 3 (Nenner) Flächen sind dunkel

c) 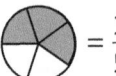 $= \dfrac{3}{5}$

3 (Zähler) der 5 (Nenner) Flächen sind dunkel

d) 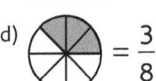 $= \dfrac{3}{8}$

3 (Zähler) der 8 (Nenner) Flächen sind dunkel

e) 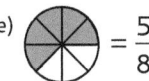 $= \dfrac{5}{8}$

5 (Zähler) der 8 (Nenner) Flächen sind dunkel

f) 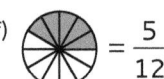 $= \dfrac{5}{12}$

5 (Zähler) der 12 (Nenner) Flächen sind dunkel

g) 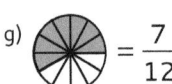 $= \dfrac{7}{12}$

7 (Zähler) der 12 (Nenner) Flächen sind dunkel

h)  $= \dfrac{13}{18}$

13 (Zähler) der 18 (Nenner) Flächen sind dunkel

i) 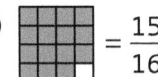 $= \dfrac{15}{16}$

15 (Zähler) der 16 (Nenner) Flächen sind dunkel

j) 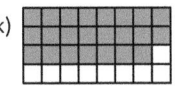 $= \dfrac{15}{24}$

15 (Zähler) der 24 (Nenner) Flächen sind dunkel

k) 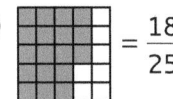 $= \dfrac{23}{32}$

23 (Zähler) der 32 (Nenner) Flächen sind dunkel

l) $= \dfrac{18}{25}$

18 (Zähler) der 25 (Nenner) Flächen sind dunkel

3. Male den dazugehörigen Bruch an.

a) $\dfrac{1}{4} =$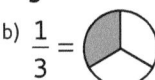

Zähler beträgt 1, daher 1 Fläche anmalen

b) $\dfrac{1}{3} =$

Zähler beträgt 1, daher 1 Fläche anmalen

c) $\dfrac{4}{5} =$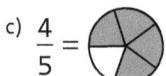

Zähler beträgt 4, daher 4 Flächen anmalen

d) $\dfrac{2}{8} =$

Zähler beträgt 2, daher 2 Flächen anmalen

e) $\dfrac{5}{12} =$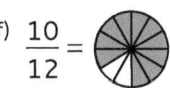

Zähler beträgt 5, daher 5 Flächen anmalen

f) $\dfrac{10}{12} =$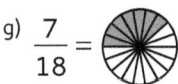

Zähler beträgt 10, daher 10 Flächen anmalen

g) $\dfrac{7}{18} =$

Zähler beträgt 7, daher 7 Flächen anmalen

h) $\dfrac{11}{18} =$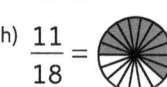

Zähler beträgt 11, daher 11 Flächen anmalen

i) $\dfrac{5}{16} =$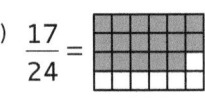

Zähler beträgt 5, daher 5 Flächen anmalen

j) $\dfrac{17}{24} =$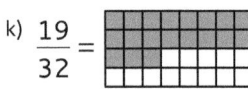

Zähler beträgt 17, daher 17 Flächen anmalen

k) $\dfrac{19}{32} =$

Zähler beträgt 19, daher 19 Flächen anmalen

l) $\dfrac{9}{25} =$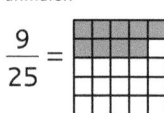

Zähler beträgt 9, daher 9 Flächen anmalen

Lösungen zu „Größer, aber doch gleich – Erweitern" (Seite 68):

4. Erweitere die Brüche mit der Zahl, die in der Klammer dahinter steht.

a) $\frac{3\cdot 5}{4\cdot 5}=\frac{15}{20}$ b) $\frac{1\cdot 4}{5\cdot 4}=\frac{4}{20}$ c) $\frac{5\cdot 7}{6\cdot 7}=\frac{35}{42}$ d) $\frac{2\cdot 6}{7\cdot 6}=\frac{12}{42}$

e) $\frac{4\cdot 11}{9\cdot 11}=\frac{44}{99}$ f) $\frac{8\cdot 9}{11\cdot 9}=\frac{72}{99}$ g) $\frac{2\cdot 3}{13\cdot 3}=\frac{6}{39}$ h) $\frac{7\cdot 7}{15\cdot 7}=\frac{49}{105}$

i) $\frac{13\cdot 6}{18\cdot 6}=\frac{78}{108}$ j) $\frac{7\cdot 5}{23\cdot 5}=\frac{35}{115}$ k) $\frac{14\cdot 11}{25\cdot 11}=\frac{154}{275}$ l) $\frac{11\cdot 8}{34\cdot 8}=\frac{88}{272}$

5. Erweitere die Brüche auf den angegebenen Nenner.

a) $\frac{7\cdot 3}{8\cdot 3}=\frac{\mathbf{21}}{24}$ b) $\frac{6\cdot 6}{9\cdot 6}=\frac{\mathbf{36}}{54}$ c) $\frac{10\cdot 3}{11\cdot 3}=\frac{\mathbf{30}}{33}$ d) $\frac{16\cdot 3}{23\cdot 3}=\frac{\mathbf{48}}{69}$

$24:8=3$ $54:9=6$ $33:11=3$ $69:23=3$

e) $\frac{11\cdot 5}{18\cdot 5}=\frac{\mathbf{55}}{90}$ f) $\frac{7\cdot 8}{13\cdot 8}=\frac{\mathbf{56}}{104}$ g) $\frac{9\cdot 6}{15\cdot 6}=\frac{\mathbf{54}}{90}$ h) $\frac{3\cdot 12}{8\cdot 12}=\frac{\mathbf{36}}{96}$

$90:18=5$ $104:13=8$ $90:15=6$ $96:8=12$

i) $\frac{4\cdot 10}{11\cdot 10}=\frac{\mathbf{40}}{110}$ j) $\frac{23\cdot 6}{25\cdot 6}=\frac{\mathbf{138}}{150}$ k) $\frac{17\cdot 8}{32\cdot 8}=\frac{\mathbf{136}}{256}$ l) $\frac{21\cdot 3}{34\cdot 3}=\frac{\mathbf{63}}{102}$

$110:11=10$ $150:25=6$ $256:32=8$ $102:34=3$

6. Erweitere die Brüche auf den angegebenen Zähler.

a) $\frac{7\cdot 5}{8\cdot 5}=\frac{35}{\mathbf{40}}$ b) $\frac{6\cdot 9}{9\cdot 9}=\frac{54}{\mathbf{81}}$ c) $\frac{10\cdot 10}{11\cdot 10}=\frac{100}{\mathbf{110}}$ d) $\frac{17\cdot 4}{23\cdot 4}=\frac{68}{\mathbf{92}}$

$35:7=5$ $54:6=9$ $100:10=10$ $68:17=4$

e) $\frac{11\cdot 7}{18\cdot 7}=\frac{77}{\mathbf{126}}$ f) $\frac{7\cdot 8}{13\cdot 8}=\frac{56}{\mathbf{104}}$ g) $\frac{7\cdot 4}{12\cdot 4}=\frac{28}{\mathbf{48}}$ h) $\frac{4\cdot 5}{9\cdot 5}=\frac{20}{\mathbf{45}}$

$77:11=7$ $56:7=8$ $28:7=4$ $20:4=5$

i) $\frac{18\cdot 7}{21\cdot 7}=\frac{126}{\mathbf{147}}$ j) $\frac{27\cdot 5}{36\cdot 5}=\frac{135}{\mathbf{180}}$ k) $\frac{11\cdot 4}{28\cdot 4}=\frac{44}{\mathbf{112}}$ l) $\frac{7\cdot 7}{13\cdot 7}=\frac{49}{\mathbf{91}}$

$126:18=7$ $135:27=5$ $44:11=4$ $49:7=7$

7. Mit welcher Zahl wurde erweitert?

a) $9:3=3$ b) $16:4=4$ c) $32:4=8$ d) $35:7=5$
   $51:17=3$ $44:11=4$ $40:5=8$ $40:8=5$

e) $77:11=7$ f) $63:7=9$ g) $63:7=9$ h) $42:7=6$
   $126:18=7$ $117:13=9$ $72:8=9$ $54:9=6$

i) $30:10=3$ j) $64:16=4$ k) $66:11=6$ l) $120:15=8$
   $33:11=3$ $92:23=4$ $108:18=6$ $184:23=8$

Lösungen zu „Kleiner, aber doch gleich – Kürzen" (Seite 69):

8. Kürze die Brüche mit der Zahl, die in der Klammer dahinter steht.

a) $\frac{18:6}{24:6} = \frac{3}{4}$ b) $\frac{3:3}{15:3} = \frac{1}{5}$ c) $\frac{40:8}{48:8} = \frac{5}{6}$ d) $\frac{14:7}{49:7} = \frac{2}{7}$

e) $\frac{36:9}{81:9} = \frac{4}{9}$ f) $\frac{32:4}{44:4} = \frac{8}{11}$ g) $\frac{15:3}{36:3} = \frac{5}{12}$ h) $\frac{28:7}{77:7} = \frac{4}{11}$

i) $\frac{18:6}{48:6} = \frac{3}{8}$ j) $\frac{50:5}{65:5} = \frac{10}{13}$ k) $\frac{66:11}{77:11} = \frac{6}{7}$ l) $\frac{48:16}{64:16} = \frac{3}{4}$

9. Kürze die Brüche auf den angegebenen Nenner.

a) $\frac{6:3}{15:3} = \frac{2}{5}$ b) $\frac{3:3}{18:3} = \frac{1}{6}$ c) $\frac{10:2}{16:2} = \frac{5}{8}$ d) $\frac{32:8}{72:8} = \frac{4}{9}$
   $15:5 = 3$ $18:6 = 3$ $16:8 = 2$ $72:9 = 8$

e) $\frac{12:6}{18:6} = \frac{2}{3}$ f) $\frac{24:24}{96:24} = \frac{1}{4}$ g) $\frac{65:5}{120:5} = \frac{13}{24}$ h) $\frac{72:12}{84:12} = \frac{6}{7}$
   $18:3 = 6$ $96:4 = 24$ $120:24 = 5$ $84:7 = 12$

i) $\frac{132:12}{180:12} = \frac{11}{15}$ j) $\frac{56:8}{72:8} = \frac{7}{9}$ k) $\frac{72:36}{108:36} = \frac{2}{3}$ l) $\frac{35:5}{65:5} = \frac{7}{13}$
   $180:15 = 12$ $72:9 = 8$ $108:3 = 36$ $65:13 = 5$

10. Kürze die Brüche auf den angegebenen Zähler.

a) $\frac{56:7}{63:7} = \frac{8}{9}$ b) $\frac{6:3}{9:3} = \frac{2}{3}$ c) $\frac{70:7}{77:7} = \frac{10}{11}$ d) $\frac{32:2}{46:2} = \frac{16}{23}$
   $56:8 = 7$ $6:2 = 3$ $70:10 = 7$ $32:16 = 2$

e) $\frac{55:5}{90:5} = \frac{11}{18}$ f) $\frac{21:3}{39:3} = \frac{7}{13}$ g) $\frac{84:12}{96:12} = \frac{7}{8}$ h) $\frac{91:13}{117:13} = \frac{7}{9}$
   $55:11 = 5$ $21:7 = 3$ $84:7 = 12$ $91:7 = 13$

i) $\frac{117:9}{171:9} = \frac{13}{19}$ j) $\frac{102:6}{144:6} = \frac{17}{24}$ k) $\frac{126:21}{147:21} = \frac{6}{7}$ l) $\frac{104:8}{176:8} = \frac{13}{22}$
   $117:13 = 9$ $102:17 = 6$ $126:6 = 21$ $104:13 = 8$

11. Mit welcher Zahl wurde gekürzt?

a) $12:3 = 4$ b) $24:3 = 8$ c) $54:6 = 9$ d) $32:4 = 8$
   $16:4 = 4$ $40:5 = 8$ $63:7 = 9$ $72:9 = 8$

e) $28:4 = 7$ f) $39:13 = 3$ g) $49:7 = 7$ h) $80:5 = 16$
   $77:11 = 7$ $45:15 = 3$ $84:12 = 7$ $128:8 = 16$

i) $81:9 = 9$ j) $84:7 = 12$ k) $162:9 = 18$ l) $216:12 = 18$
   $117:13 = 9$ $204:17 = 12$ $252:14 = 18$ $342:19 = 18$

Lösungen zu „Alle sind gleich – Hauptnenner suchen" (Seite 70):

12. Suche den Hauptnenner der einzelnen Brüche.

a) $4 \to 2 \cdot 2$
$24 \to 2 \cdot 2 \cdot 2 \cdot 3$
$HN \to 2 \cdot 2 \cdot 2 \cdot 3 = 24$

$\frac{3}{4} \to HN\ (2 \cdot 2 \cdot 2 \cdot 3) = 6 \to \frac{3 \cdot 6}{4 \cdot 6} = \frac{18}{24}$

$\frac{19}{24} \to HN\ (2 \cdot 2 \cdot 2 \cdot 3) = 0 \to \frac{19}{24}$

b) $5 \to 5$
$25 \to 5 \cdot 5$
$HN \to 5 \cdot 5 = 25$

$\frac{3}{5} \to HN\ (5 \cdot 5) = 5 \to \frac{3 \cdot 5}{5 \cdot 5} = \frac{15}{25}$

$\frac{21}{25} \to HN\ (5 \cdot 5) = 0 \to \frac{21}{25}$

c) $6 \to 2 \cdot 3$
$48 \to 2 \cdot 2 \cdot 2 \cdot 2 \cdot 3$
$HN \to 2 \cdot 2 \cdot 2 \cdot 2 \cdot 3 = 48$

$\frac{5}{6} \to HN\ (2 \cdot 2 \cdot 2 \cdot 2 \cdot 3) = 8 \to \frac{5 \cdot 8}{6 \cdot 8} = \frac{40}{48}$

$\frac{37}{48} \to HN\ (2 \cdot 2 \cdot 2 \cdot 2 \cdot 3) = 0 \to \frac{37}{48}$

d) $7 \to 7$
$8 \to 2 \cdot 2 \cdot 2$
$HN \to 2 \cdot 2 \cdot 2 \cdot 7 = 56$

$\frac{4}{7} \to HN\ (2 \cdot 2 \cdot 2 \cdot 7) = 8 \to \frac{4 \cdot 8}{7 \cdot 8} = \frac{32}{56}$

$\frac{5}{8} \to HN\ (2 \cdot 2 \cdot 2 \cdot 7) = 7 \to \frac{5 \cdot 7}{8 \cdot 7} = \frac{35}{56}$

e) $6 \to 2 \cdot 3$
$9 \to 3 \cdot 3$
$HN \to 2 \cdot 3 \cdot 3 = 18$

$\frac{1}{6} \to HN\ (2 \cdot 3 \cdot 3) = 3 \to \frac{1 \cdot 3}{6 \cdot 3} = \frac{3}{18}$

$\frac{2}{9} \to HN\ (2 \cdot 3 \cdot 3) = 2 \to \frac{2 \cdot 2}{9 \cdot 2} = \frac{4}{18}$

f) $8 \to 2 \cdot 2 \cdot 2$
$12 \to 2 \cdot 2 \cdot 3$
$HN \to 2 \cdot 2 \cdot 2 \cdot 3 = 24$

$\frac{7}{8} \to HN\ (2 \cdot 2 \cdot 2 \cdot 3) = 3 \to \frac{7 \cdot 3}{8 \cdot 3} = \frac{21}{24}$

$\frac{5}{12} \to HN\ (2 \cdot 2 \cdot 2 \cdot 3) = 2 \to \frac{5 \cdot 2}{12 \cdot 2} = \frac{10}{24}$

g) $12 \to 2 \cdot 2 \cdot 3$
$14 \to 2 \cdot 7$
$HN \to 2 \cdot 2 \cdot 3 \cdot 7 = 84$

$\frac{7}{12} \to HN\ (2 \cdot 2 \cdot 3 \cdot 7) = 7 \to \frac{7 \cdot 7}{12 \cdot 7} = \frac{49}{84}$

$\frac{9}{14} \to HN\ (2 \cdot 2 \cdot 3 \cdot 7) = 6 \to \frac{9 \cdot 6}{14 \cdot 6} = \frac{54}{84}$

h) $12 \to 2 \cdot 2 \cdot 3$
$16 \to 2 \cdot 2 \cdot 2 \cdot 2$
$HN \to 2 \cdot 2 \cdot 2 \cdot 2 \cdot 3 = 48$

$\frac{5}{12} \to HN\ (2 \cdot 2 \cdot 2 \cdot 2 \cdot 3) = 4 \to \frac{5 \cdot 4}{12 \cdot 4} = \frac{20}{48}$

$\frac{13}{16} \to HN\ (2 \cdot 2 \cdot 2 \cdot 2 \cdot 3) = 3 \to \frac{13 \cdot 3}{16 \cdot 3} = \frac{39}{48}$

i) $18 \to 2 \cdot 3 \cdot 3$
$27 \to 3 \cdot 3 \cdot 3$
$HN \to 2 \cdot 3 \cdot 3 \cdot 3 = 54$

$\frac{7}{18} \to HN\ (2 \cdot 3 \cdot 3 \cdot 3) = 3 \to \frac{7 \cdot 3}{18 \cdot 3} = \frac{21}{54}$

$\frac{10}{27} \to HN\ (2 \cdot 3 \cdot 3 \cdot 3) = 2 \to \frac{10 \cdot 2}{27 \cdot 2} = \frac{20}{54}$

j) $24 \to 2 \cdot 2 \cdot 2 \cdot 3$
$36 \to 2 \cdot 2 \cdot 3 \cdot 3$
$HN \to 2 \cdot 2 \cdot 2 \cdot 3 \cdot 3 = 72$

$\frac{11}{24} \to HN\ (2 \cdot 2 \cdot 2 \cdot 3 \cdot 3) = 3 \to \frac{11 \cdot 3}{24 \cdot 3} = \frac{33}{72}$

$\frac{25}{36} \to HN\ (2 \cdot 2 \cdot 2 \cdot 3 \cdot 3) = 2 \to \frac{25 \cdot 2}{36 \cdot 2} = \frac{50}{72}$

k) $3 \rightarrow 3$
   $4 \rightarrow 2 \cdot 2$
   $6 \rightarrow 2 \cdot 3$
   HN $\rightarrow 2 \cdot 2 \cdot 3 = 12$

   $\frac{1}{3} \rightarrow$ HN $(2 \cdot 2 \cdot \cancel{3}) = 4 \rightarrow \frac{1 \cdot 4}{3 \cdot 4} = \frac{4}{12}$

   $\frac{3}{4} \rightarrow$ HN $(\cancel{2} \cdot \cancel{2} \cdot 3) = 3 \rightarrow \frac{3 \cdot 3}{4 \cdot 3} = \frac{9}{12}$

   $\frac{5}{6} \rightarrow$ HN $(\cancel{2} \cdot 2 \cdot \cancel{3}) = 2 \rightarrow \frac{5 \cdot 2}{6 \cdot 2} = \frac{10}{12}$

l) $8 \rightarrow 2 \cdot 2 \cdot 2$
   $4 \rightarrow 2 \cdot 2$
   $5 \rightarrow 5$
   HN $\rightarrow 2 \cdot 2 \cdot 2 \cdot 5 = 40$

   $\frac{3}{8} \rightarrow$ HN $(\cancel{2} \cdot \cancel{2} \cdot \cancel{2} \cdot 5) = 5 \rightarrow \frac{3 \cdot 5}{8 \cdot 5} = \frac{15}{40}$

   $\frac{1}{4} \rightarrow$ HN $(\cancel{2} \cdot \cancel{2} \cdot 2 \cdot 5) = 10 \rightarrow \frac{1 \cdot 10}{4 \cdot 10} = \frac{10}{40}$

   $\frac{2}{5} \rightarrow$ HN $(2 \cdot 2 \cdot 2 \cdot \cancel{5}) = 8 \rightarrow \frac{2 \cdot 8}{5 \cdot 8} = \frac{16}{40}$

m) $12 \rightarrow 2 \cdot 2 \cdot 3$
   $18 \rightarrow 2 \cdot 3 \cdot 3$
   $16 \rightarrow 2 \cdot 2 \cdot 2 \cdot 2$
   HN $\rightarrow 2 \cdot 2 \cdot 2 \cdot 2 \cdot 3 \cdot 3 = 144$

   $\frac{5}{12} \rightarrow$ HN $(\cancel{2} \cdot \cancel{2} \cdot 2 \cdot 2 \cdot \cancel{3} \cdot 3) = 12 \rightarrow \frac{5 \cdot 12}{12 \cdot 12} = \frac{60}{144}$

   $\frac{7}{18} \rightarrow$ HN $(\cancel{2} \cdot 2 \cdot 2 \cdot 2 \cdot \cancel{3} \cdot \cancel{3}) = 8 \rightarrow \frac{7 \cdot 8}{18 \cdot 8} = \frac{56}{144}$

   $\frac{15}{16} \rightarrow$ HN $(\cancel{2} \cdot \cancel{2} \cdot \cancel{2} \cdot \cancel{2} \cdot 3 \cdot 3) = 9 \rightarrow \frac{15 \cdot 9}{16 \cdot 9} = \frac{135}{144}$

n) $18 \rightarrow 2 \cdot 3 \cdot 3$
   $24 \rightarrow 2 \cdot 2 \cdot 2 \cdot 3$
   $36 \rightarrow 2 \cdot 2 \cdot 3 \cdot 3$
   HN $\rightarrow 2 \cdot 2 \cdot 2 \cdot 3 \cdot 3 = 72$

   $\frac{11}{18} \rightarrow$ HN $(\cancel{2} \cdot 2 \cdot 2 \cdot \cancel{3} \cdot \cancel{3}) = 4 \rightarrow \frac{11 \cdot 4}{18 \cdot 4} = \frac{44}{72}$

   $\frac{5}{24} \rightarrow$ HN $(\cancel{2} \cdot \cancel{2} \cdot \cancel{2} \cdot \cancel{3} \cdot 3) = 3 \rightarrow \frac{3 \cdot 5}{24 \cdot 3} = \frac{15}{72}$

   $\frac{7}{36} \rightarrow$ HN $(\cancel{2} \cdot 2 \cdot \cancel{2} \cdot \cancel{3} \cdot \cancel{3}) = 2 \rightarrow \frac{7 \cdot 2}{36 \cdot 2} = \frac{14}{72}$

o) $3 \rightarrow 3$
   $4 \rightarrow 2 \cdot 2$
   $6 \rightarrow 2 \cdot 3$
   $5 \rightarrow 5$
   HN $\rightarrow 2 \cdot 2 \cdot 3 \cdot 5 = 60$

   $\frac{1}{3} \rightarrow$ HN $(2 \cdot 2 \cdot \cancel{3} \cdot 5) = 20 \rightarrow \frac{1 \cdot 20}{3 \cdot 20} = \frac{20}{60}$

   $\frac{3}{4} \rightarrow$ HN $(\cancel{2} \cdot \cancel{2} \cdot 3 \cdot 5) = 15 \rightarrow \frac{3 \cdot 15}{4 \cdot 15} = \frac{45}{60}$

   $\frac{5}{6} \rightarrow$ HN $(\cancel{2} \cdot 2 \cdot \cancel{3} \cdot 5) = 10 \rightarrow \frac{5 \cdot 10}{6 \cdot 10} = \frac{50}{60}$

   $\frac{2}{5} \rightarrow$ HN $(2 \cdot 2 \cdot 3 \cdot \cancel{5}) = 12 \rightarrow \frac{2 \cdot 12}{5 \cdot 12} = \frac{24}{60}$

p) $8 \rightarrow 2 \cdot 2 \cdot 2$
   $7 \rightarrow 7$
   $4 \rightarrow 2 \cdot 2$
   $6 \rightarrow 2 \cdot 3$
   HN $\rightarrow 2 \cdot 2 \cdot 2 \cdot 3 \cdot 7 = 168$

   $\frac{3}{8} \rightarrow$ HN $(\cancel{2} \cdot \cancel{2} \cdot \cancel{2} \cdot 3 \cdot 7) = 21 \rightarrow \frac{3 \cdot 21}{8 \cdot 21} = \frac{63}{168}$

   $\frac{2}{7} \rightarrow$ HN $(2 \cdot 2 \cdot 2 \cdot 3 \cdot \cancel{7}) = 24 \rightarrow \frac{2 \cdot 24}{7 \cdot 24} = \frac{48}{168}$

   $\frac{3}{4} \rightarrow$ HN $(\cancel{2} \cdot \cancel{2} \cdot 2 \cdot 3 \cdot 7) = 42 \rightarrow \frac{3 \cdot 42}{4 \cdot 42} = \frac{126}{168}$

   $\frac{5}{6} \rightarrow$ HN $(\cancel{2} \cdot 2 \cdot 2 \cdot \cancel{3} \cdot 7) = 28 \rightarrow \frac{5 \cdot 28}{5 \cdot 28} = \frac{140}{168}$

q) $18 \rightarrow 2 \cdot 3 \cdot 3$
   $24 \rightarrow 2 \cdot 2 \cdot 2 \cdot 3$
   $36 \rightarrow 2 \cdot 2 \cdot 3 \cdot 3$
   $48 \rightarrow 2 \cdot 2 \cdot 2 \cdot 2 \cdot 3$
   HN $\rightarrow 2 \cdot 2 \cdot 2 \cdot 2 \cdot 3 \cdot 3 = 144$

   $\frac{7}{18} \rightarrow$ HN $(2 \cdot 2 \cdot 2 \cdot 2 \cdot 3 \cdot 3) = 8 \rightarrow \frac{7 \cdot 8}{18 \cdot 8} = \frac{54}{144}$

   $\frac{15}{24} \rightarrow$ HN $(\cancel{2} \cdot \cancel{2} \cdot \cancel{2} \cdot 2 \cdot \cancel{3} \cdot 3) = 6 \rightarrow \frac{15 \cdot 6}{24 \cdot 6} = \frac{90}{144}$

   $\frac{11}{36} \rightarrow$ HN $(\cancel{2} \cdot \cancel{2} \cdot 2 \cdot 2 \cdot \cancel{3} \cdot \cancel{3}) = 4 \rightarrow \frac{11 \cdot 4}{36 \cdot 4} = \frac{44}{144}$

   $\frac{33}{48} \rightarrow$ HN $(\cancel{2} \cdot \cancel{2} \cdot \cancel{2} \cdot \cancel{2} \cdot \cancel{3} \cdot 3) = 3 \rightarrow \frac{33 \cdot 3}{48 \cdot 3} = \frac{99}{144}$

r) $56 \rightarrow 2 \cdot 2 \cdot 2 \cdot 7$
   $72 \rightarrow 2 \cdot 2 \cdot 2 \cdot 3 \cdot 3$
   $63 \rightarrow 3 \cdot 3 \cdot 7$
   HN $\rightarrow 2 \cdot 2 \cdot 2 \cdot 3 \cdot 3 \cdot 7 = 504$

   $\frac{13}{56} \rightarrow$ HN $(\cancel{2} \cdot \cancel{2} \cdot \cancel{2} \cdot 3 \cdot 3 \cdot \cancel{7}) = 9 \rightarrow \frac{13 \cdot 9}{56 \cdot 9} = \frac{117}{504}$

   $\frac{15}{72} \rightarrow$ HN $(\cancel{2} \cdot \cancel{2} \cdot \cancel{2} \cdot \cancel{3} \cdot \cancel{3} \cdot 7) = 7 \rightarrow \frac{15 \cdot 7}{72 \cdot 7} = \frac{105}{504}$

   $\frac{21}{56} \rightarrow$ HN $(\cancel{2} \cdot \cancel{2} \cdot \cancel{2} \cdot 3 \cdot 3 \cdot \cancel{7}) = 9 \rightarrow \frac{21 \cdot 9}{56 \cdot 9} = \frac{189}{504}$

   $\frac{29}{63} \rightarrow$ HN $(2 \cdot 2 \cdot 2 \cdot \cancel{3} \cdot \cancel{3} \cdot \cancel{7}) = 8 \rightarrow \frac{29 \cdot 8}{63 \cdot 8} = \frac{232}{504}$

Lösungen zu „Addition von Brüchen mit gleichen Nennern" (Seite 71):

13. Addiere die beiden Brüche und kürze wenn möglich.

a) $\frac{1}{5}+\frac{2}{5}=\frac{1+2}{5}=\frac{3}{5}$

b) $\frac{2}{7}+\frac{4}{7}=\frac{2+4}{7}=\frac{6}{7}$

c) $\frac{1}{8}+\frac{4}{8}=\frac{1+4}{8}=\frac{5}{8}$

d) $\frac{2}{6}+\frac{3}{6}=\frac{2+3}{5}=\frac{5}{6}$

e) $\frac{5}{12}+\frac{4}{12}=\frac{5+4}{12}=\frac{\cancel{9}^3}{\cancel{12}^4}=\frac{3}{4}$

f) $\frac{5}{14}+\frac{7}{14}=\frac{5+7}{14}=\frac{\cancel{12}^6}{\cancel{14}^2}=\frac{6}{7}$

g) $\frac{7}{17}+\frac{8}{17}=\frac{7+8}{17}=\frac{15}{17}$

h) $\frac{15}{23}+\frac{2}{23}=\frac{15+2}{23}=\frac{17}{23}$

i) $\frac{9}{28}+\frac{14}{28}=\frac{9+14}{28}=\frac{23}{28}$

j) $\frac{9}{32}+\frac{19}{32}=\frac{9+19}{32}=\frac{\cancel{28}^7}{\cancel{32}^8}=\frac{7}{8}$

k) $\frac{15}{58}+\frac{35}{58}=\frac{15+35}{58}=\frac{\cancel{50}^{25}}{\cancel{58}^{29}}=\frac{25}{29}$

l) $\frac{24}{72}+\frac{37}{72}=\frac{24+37}{72}=\frac{61}{72}$

m) $\frac{37}{78}+\frac{28}{78}=\frac{37+28}{78}=\frac{\cancel{65}^5}{\cancel{78}^6}=\frac{5}{6}$

n) $\frac{45}{93}+\frac{45}{93}=\frac{45+45}{93}=\frac{\cancel{90}^{30}}{\cancel{93}^{31}}=\frac{30}{31}$

o) $\frac{53}{144}+\frac{67}{144}=\frac{53+67}{144}=\frac{\cancel{120}^5}{\cancel{144}^6}=\frac{5}{6}$

p) $\frac{63}{165}+\frac{52}{165}=\frac{63+52}{165}=\frac{\cancel{115}^{23}}{\cancel{165}^{33}}=\frac{23}{33}$

q) $\frac{124}{210}+\frac{86}{210}=\frac{124+86}{210}=\frac{210}{210}=1$

r) $\frac{185}{322}+\frac{127}{322}=\frac{185+127}{322}=\frac{\cancel{312}^{156}}{\cancel{322}^{161}}=\frac{156}{161}$

Lösungen zu „Addition von Brüchen mit verschiedenen Nennern" (Seite 71):

14. Addiere die beiden Brüche und kürze wenn möglich.

a) 3 → 3
6 → 2 · 3
HN → 2 · 3 = 6
$\frac{1 \cdot 2}{3 \cdot 2}=\frac{2}{6}$
$\frac{2}{6}+\frac{1}{6}=\frac{2+1}{6}=\frac{\cancel{3}^1}{\cancel{6}^2}=\frac{1}{2}$

b) 8 → 2 · 2 · 2
4 → 2 · 2
HN → 2 · 2 · 2 = 8
$\frac{1 \cdot 2}{4 \cdot 2}=\frac{2}{8}$
$\frac{2}{8}+\frac{2}{8}=\frac{2+2}{8}=\frac{\cancel{4}^1}{\cancel{8}^2}=\frac{1}{2}$

c) 12 → 2 · 2 · 3
6 → 2 · 3
HN → 2 · 2 · 3 = 12
$\frac{2 \cdot 2}{6 \cdot 2}=\frac{4}{12}$
$\frac{3}{12}+\frac{4}{12}=\frac{3+4}{12}=\frac{7}{12}$

d) 5 → 5
10 → 2 · 5
HN → 2 · 5 = 10
$\frac{3 \cdot 2}{5 \cdot 2}=\frac{6}{10}$
$\frac{6}{10}+\frac{3}{10}=\frac{6+3}{10}=\frac{9}{10}$

e) 12 → · 2 · 3
8 → 2 · 2 · 2
HN → 2 · 2 · 2 · 3 = 24
$\frac{5 \cdot 2}{12 \cdot 2}=\frac{10}{24}$
$\frac{3 \cdot 3}{8 \cdot 3}=\frac{9}{24}$
$\frac{10}{24}+\frac{9}{24}=\frac{10+9}{24}=\frac{19}{24}$

f) 7 → 7
21 → 3 · 7
HN → 3 · 7 = 21
$\frac{4 \cdot 3}{7 \cdot 3}=\frac{12}{21}$
$\frac{12}{21}+\frac{3}{21}=\frac{12+3}{21}=\frac{\cancel{15}^5}{\cancel{21}^7}=\frac{5}{7}$

g) $6 \to 2 \cdot 3$
$7 \to 7$
HN $\to 2 \cdot 3 \cdot 7 = 42$

$\dfrac{2 \cdot 7}{6 \cdot 7} = \dfrac{14}{42}$

$\dfrac{4 \cdot 6}{7 \cdot 6} = \dfrac{24}{42}$

$\dfrac{14}{42} + \dfrac{24}{42} = \dfrac{14+24}{42} = \dfrac{\cancel{38}^{19}}{\cancel{42}^{21}} = \dfrac{19}{21}$

h) $8 \to 2 \cdot 2 \cdot 2$
$6 \to 2 \cdot 3$
HN $\to 2 \cdot 2 \cdot 2 \cdot 3 = 24$

$\dfrac{3 \cdot 3}{8 \cdot 3} = \dfrac{9}{24}$

$\dfrac{2 \cdot 4}{6 \cdot 4} = \dfrac{8}{24}$

$\dfrac{9}{24} + \dfrac{8}{24} = \dfrac{9+8}{24} = \dfrac{17}{24}$

i) $12 \to 2 \cdot 2 \cdot 3$
$7 \to 7$
HN $\to 2 \cdot 2 \cdot 3 \cdot 7 = 84$

$\dfrac{4 \cdot 7}{12 \cdot 7} = \dfrac{28}{84}$

$\dfrac{3 \cdot 12}{7 \cdot 12} = \dfrac{36}{84}$

$\dfrac{28}{84} + \dfrac{36}{84} = \dfrac{28+36}{84} = \dfrac{\cancel{64}^{16}}{\cancel{84}^{21}} = \dfrac{16}{21}$

j) $15 \to 3 \cdot 5$
$20 \to 2 \cdot 2 \cdot 5$
HN $\to 2 \cdot 2 \cdot 3 \cdot 5 = 60$

$\dfrac{6 \cdot 4}{15 \cdot 4} = \dfrac{24}{60}$

$\dfrac{7 \cdot 3}{20 \cdot 3} = \dfrac{21}{60}$

$\dfrac{24}{60} + \dfrac{21}{60} = \dfrac{24+21}{60} = \dfrac{\cancel{45}^{3}}{\cancel{60}^{4}} = \dfrac{3}{4}$

k) $18 \to 2 \cdot 3 \cdot 3$
$24 \to 2 \cdot 2 \cdot 2 \cdot 3$
HN $\to 2 \cdot 2 \cdot 2 \cdot 3 \cdot 3 = 72$

$\dfrac{5 \cdot 4}{18 \cdot 4} = \dfrac{30}{72}$

$\dfrac{9 \cdot 3}{24 \cdot 3} = \dfrac{27}{72}$

$\dfrac{30}{72} + \dfrac{27}{72} = \dfrac{30+27}{72} = \dfrac{47}{72}$

l) $16 \to 2 \cdot 2 \cdot 2 \cdot 2$
$24 \to 2 \cdot 2 \cdot 2 \cdot 3$
HN $\to 2 \cdot 2 \cdot 2 \cdot 2 \cdot 3 = 48$

$\dfrac{5 \cdot 3}{16 \cdot 3} = \dfrac{15}{48}$

$\dfrac{8 \cdot 2}{24 \cdot 2} = \dfrac{16}{48}$

$\dfrac{15}{48} + \dfrac{16}{48} = \dfrac{15+16}{48} = \dfrac{31}{48}$

m) $21 \to 3 \cdot 7$
$15 \to 3 \cdot 5$
HN $\to 3 \cdot 7 \cdot 5 = 105$

$\dfrac{7 \cdot 5}{21 \cdot 5} = \dfrac{35}{105}$

$\dfrac{8 \cdot 7}{15 \cdot 7} = \dfrac{56}{105}$

$\dfrac{35}{105} + \dfrac{56}{105} = \dfrac{35+56}{105} = \dfrac{\cancel{91}^{13}}{\cancel{105}^{15}} = \dfrac{13}{15}$

n) $32 \to 2 \cdot 2 \cdot 2 \cdot 2 \cdot 2$
$28 \to 2 \cdot 2 \cdot 7$
HN $\to 2 \cdot 2 \cdot 2 \cdot 2 \cdot 2 \cdot 7 = 224$

$\dfrac{11 \cdot 7}{32 \cdot 7} = \dfrac{77}{224}$

$\dfrac{16 \cdot 8}{28 \cdot 8} = \dfrac{128}{224}$

$\dfrac{77}{224} + \dfrac{128}{224} = \dfrac{77+128}{224} = \dfrac{205}{224}$

o) $48 \to 2 \cdot 2 \cdot 2 \cdot 2 \cdot 3$
$63 \to 3 \cdot 3 \cdot 7$
HN $\to 2 \cdot 2 \cdot 2 \cdot 2 \cdot 3 \cdot 3 \cdot 7 = 1008$

$\dfrac{19 \cdot 21}{48 \cdot 21} = \dfrac{399}{1008}$

$\dfrac{24 \cdot 16}{63 \cdot 16} = \dfrac{384}{1008}$

$\dfrac{399}{1008} + \dfrac{384}{1008} = \dfrac{399+384}{1008} =$

$\dfrac{\cancel{783}^{87}}{\cancel{1008}^{112}} = \dfrac{87}{112}$

p) $56 \to 2 \cdot 2 \cdot 2 \cdot 7$
$72 \to 2 \cdot 2 \cdot 2 \cdot 3 \cdot 3$
HN $\to 2 \cdot 2 \cdot 2 \cdot 3 \cdot 3 \cdot 7 = 504$

$\dfrac{29 \cdot 9}{56 \cdot 9} = \dfrac{261}{504}$

$\dfrac{19 \cdot 7}{72 \cdot 7} = \dfrac{133}{504}$

$\dfrac{261}{504} + \dfrac{133}{504} = \dfrac{261+133}{504} =$

$\dfrac{\cancel{394}^{197}}{\cancel{504}^{252}} = \dfrac{197}{252}$

q) $104 \to 2 \cdot 2 \cdot 2 \cdot 13$
$84 \to 2 \cdot 2 \cdot 3 \cdot 7$
HN $\to 2 \cdot 2 \cdot 2 \cdot 3 \cdot 7 \cdot 13 = 2184$

$\dfrac{25 \cdot 21}{104 \cdot 21} = \dfrac{525}{2184}$

$\dfrac{35 \cdot 26}{84 \cdot 26} = \dfrac{910}{2184}$

$\dfrac{525}{2184} + \dfrac{910}{2184} = \dfrac{525+910}{2184} =$

$\dfrac{\cancel{1435}^{205}}{\cancel{2184}^{312}} = \dfrac{205}{312}$

r) $128 \to 2 \cdot 2 \cdot 2 \cdot 2 \cdot 2 \cdot 2 \cdot 2$
$136 \to 2 \cdot 2 \cdot 2 \cdot 17$
HN $\to 2 \cdot 2 \cdot 2 \cdot 2 \cdot 2 \cdot 2 \cdot 2 \cdot 17 = 2176$

$\dfrac{24 \cdot 17}{128 \cdot 17} = \dfrac{408}{2176}$

$\dfrac{72 \cdot 16}{136 \cdot 16} = \dfrac{1152}{2176}$

$\dfrac{408}{2176} + \dfrac{1152}{2176} = \dfrac{408+1152}{2176} =$

$\dfrac{\cancel{1560}^{195}}{\cancel{2176}^{272}} = \dfrac{195}{272}$

Lösungen zu „Addition von mehreren Brüchen" (Seite 72):

15. Addiere die Brüche und kürze wenn möglich.

a) $\frac{1}{6} + \frac{2}{6} + \frac{2}{6} = \frac{1+2+2}{6} = \frac{5}{6}$

b) $\frac{2}{9} + \frac{3}{9} + \frac{2}{9} = \frac{2+3+2}{9} = \frac{7}{9}$

c) $\frac{1}{8} + \frac{4}{8} + \frac{3}{8} = \frac{1+4+3}{8} = \frac{8}{8} = 1$

d) $\frac{3}{16} + \frac{6}{16} + \frac{5}{16} = \frac{3+6+5}{16} =$
$\frac{\cancel{14}^7}{\cancel{16}^8} = \frac{7}{8}$

e) $\frac{3}{18} + \frac{4}{18} + \frac{7}{18} = \frac{3+4+7}{18} =$
$\frac{\cancel{14}^7}{\cancel{18}^9} = \frac{7}{9}$

f) $\frac{5}{24} + \frac{6}{24} + \frac{7}{24} = \frac{5+6+7}{24} =$
$\frac{\cancel{18}^3}{\cancel{24}^4} = \frac{3}{4}$

g) $\frac{11}{37} + \frac{18}{37} + \frac{14}{37} = \frac{11+18+14}{37} =$
$\frac{43}{37} = 1\frac{6}{37}$
$43 : 37 = 1 \text{ Rest } 6$

h) $\frac{19}{53} + \frac{8}{53} + \frac{23}{53} = \frac{19+8+23}{53} = \frac{50}{53}$

i) $\frac{31}{64} + \frac{19}{64} + \frac{38}{64} = \frac{31+19+38}{64} =$
$\frac{\cancel{88}^{11}}{\cancel{64}^8} = \frac{11}{8} = 1\frac{3}{8}$
$11 : 8 = 1 \text{ Rest } 3$

j) $\frac{4:2}{6:2} = \frac{2}{3}$
$3 \rightarrow \quad 3$
$4 \rightarrow \quad 2 \cdot 2$
$HN \rightarrow 2 \cdot 2 \cdot 3 = 12$
$\frac{1 \cdot 4}{3 \cdot 4} = \frac{4}{12}$
$\frac{3 \cdot 3}{4 \cdot 3} = \frac{9}{12}$
$\frac{2 \cdot 4}{3 \cdot 4} = \frac{8}{12}$
$\frac{4}{12} + \frac{9}{12} + \frac{8}{12} = \frac{4+9+8}{12} =$
$\frac{\cancel{21}^7}{\cancel{12}^4} = \frac{7}{4} = 1\frac{3}{4}$
$7 : 4 = 1 \text{ Rest } 3$

k) $\frac{2:2}{6:2} = \frac{1}{3}$
$5 \rightarrow \quad 5$
$8 \rightarrow \quad 2 \cdot 2 \cdot 2$
$3 \rightarrow \quad 3$
$HN \rightarrow 5 \cdot 2 \cdot 2 \cdot 2 \cdot 3 = 120$
$\frac{4 \cdot 24}{5 \cdot 24} = \frac{96}{120}$
$\frac{3 \cdot 15}{8 \cdot 12} = \frac{45}{120}$
$\frac{1 \cdot 40}{3 \cdot 40} = \frac{40}{120}$
$\frac{96}{120} + \frac{45}{120} + \frac{40}{120} =$
$\frac{96+45+40}{120} = \frac{181}{120} = 1\frac{61}{120}$
$181 : 120 = 1 \text{ Rest } 61$

l) $\frac{3:3}{6:3} = \frac{1}{2}$
$7 \rightarrow \quad 7$
$2 \rightarrow \quad 2$
$9 \rightarrow \quad 3 \cdot 3$
$HN \rightarrow 7 \cdot 2 \cdot 3 \cdot 3 = 126$
$\frac{2 \cdot 18}{7 \cdot 18} = \frac{36}{126}$
$\frac{1 \cdot 63}{2 \cdot 63} = \frac{63}{126}$
$\frac{5 \cdot 14}{9 \cdot 14} = \frac{70}{126}$
$\frac{36}{126} + \frac{63}{126} + \frac{70}{126} =$
$\frac{36+63+70}{126} = \frac{169}{126} = 1\frac{43}{126}$
$169 : 126 = 1 \text{ Rest } 43$

m) $\frac{8:8}{16:8} = \frac{1}{2}$

$12 \to 2 \cdot 2 \cdot 3$
$2 \to 2$
$4 \to 2 \cdot 2$
$HN \to 2 \cdot 2 \cdot 3 = 12$

$\frac{1 \cdot 6}{2 \cdot 6} = \frac{6}{12}$

$\frac{3 \cdot 3}{4 \cdot 3} = \frac{9}{12}$

$\frac{7}{12} + \frac{6}{12} + \frac{9}{12} = \frac{7+6+9}{12} =$

$\frac{\cancel{22}^{11}}{\cancel{12}^{6}} = \frac{11}{6} = 1\frac{5}{6}$

$11 : 6 = 1 \text{ Rest } 5$

n) $32 \to 2 \cdot 2 \cdot 2 \cdot 2 \cdot 2$
$48 \to 2 \cdot 2 \cdot 2 \cdot 2 \cdot 3$
$16 \to 2 \cdot 2 \cdot 2 \cdot 2$
$HN \to 2 \cdot 2 \cdot 2 \cdot 2 \cdot 2 \cdot 3 = 96$

$\frac{15 \cdot 3}{32 \cdot 3} = \frac{45}{96}$

$\frac{25 \cdot 2}{48 \cdot 2} = \frac{50}{96}$

$\frac{11 \cdot 6}{16 \cdot 6} = \frac{66}{96}$

$\frac{45}{96} + \frac{50}{96} + \frac{66}{96} = \frac{45+50+66}{96} =$

$\frac{161}{96} = 1\frac{65}{96}$

$161 : 96 = 1 \text{ Rest } 65$

o) $\frac{9:9}{18:9} = \frac{1}{2}$

$\frac{14:14}{28:14} = \frac{1}{2}$

$\frac{18:3}{21:3} = \frac{6}{7}$

$2 \to 2$
$7 \to 7$
$HN \to 2 \cdot 7 = 14$

$\frac{1 \cdot 7}{2 \cdot 7} = \frac{7}{14}$

$\frac{1 \cdot 7}{2 \cdot 7} = \frac{7}{14}$

$\frac{6 \cdot 2}{7 \cdot 2} = \frac{12}{14}$

$\frac{7}{14} + \frac{7}{14} + \frac{12}{14} = \frac{7+7+12}{14} =$

$\frac{\cancel{26}^{13}}{\cancel{14}^{7}} = \frac{13}{7} = 1\frac{6}{7}$

$13 : 7 = 1 \text{ Rest } 6$

p) $\frac{9:9}{36:9} = \frac{1}{4}$

$\frac{21:21}{42:21} = \frac{1}{2}$

$\frac{32:16}{48:16} = \frac{2}{3}$

$4 \to 2 \cdot 2$
$2 \to 2$
$3 \to 3$
$HN \to 2 \cdot 2 \cdot 3 = 12$

$\frac{1 \cdot 3}{4 \cdot 3} = \frac{3}{12}$

$\frac{1 \cdot 6}{2 \cdot 6} = \frac{6}{12}$

$\frac{2 \cdot 4}{3 \cdot 4} = \frac{8}{12}$

$\frac{3}{12} + \frac{6}{12} + \frac{8}{12} =$

$\frac{3+6+8}{12} = \frac{17}{12} = 1\frac{5}{12}$

$17 : 12 = 1 \text{ Rest } 5$

q) $\frac{14:14}{56:14} = \frac{1}{4}$

$\frac{35:7}{63:7} = \frac{5}{9}$

$\frac{42:6}{72:6} = \frac{7}{12}$

$4 \to 2 \cdot 2$
$9 \to 3 \cdot 3$
$12 \to 2 \cdot 2 \cdot 3$
$HN \to 2 \cdot 2 \cdot 3 \cdot 3 = 36$

$\frac{1 \cdot 9}{4 \cdot 9} = \frac{9}{36}$

$\frac{5 \cdot 4}{9 \cdot 4} = \frac{20}{36}$

$\frac{7 \cdot 3}{12 \cdot 3} = \frac{21}{36}$

$\frac{9}{36} + \frac{20}{36} + \frac{21}{36} =$

$\frac{9+20+21}{36} = \frac{\cancel{50}^{25}}{\cancel{36}^{18}} = 1\frac{7}{18}$

$25 : 18 = 1 \text{ Rest } 7$

r) $\frac{24:24}{72:24} = \frac{1}{3}$

$3 \to 3$
$84 \to 2 \cdot 2 \cdot 3 \cdot 7$
$48 \to 2 \cdot 2 \cdot 2 \cdot 2 \cdot 3$
$HN \to 2 \cdot 2 \cdot 2 \cdot 2 \cdot 3 \cdot 7 = 336$

$\frac{1 \cdot 112}{3 \cdot 112} = \frac{112}{336}$

$\frac{37 \cdot 4}{84 \cdot 4} = \frac{148}{336}$

$\frac{47 \cdot 7}{48 \cdot 7} = \frac{329}{336}$

$\frac{112}{336} + \frac{148}{336} + \frac{329}{336} =$

$\frac{112+148+329}{336} = \frac{589}{336} = 1\frac{253}{336}$

$589 : 336 = 1 \text{ Rest } 253$

Lösungen zu „Subtraktion von Brüchen mit gleichen Nennern" (Seite 72):

16. Subtrahiere die beiden Brüche und kürze wenn möglich.

a) $\dfrac{4}{5} - \dfrac{2}{5} = \dfrac{4-2}{5} = \dfrac{2}{5}$

b) $\dfrac{3}{4} - \dfrac{1}{4} = \dfrac{3-1}{4} = \dfrac{\cancel{2}^{1}}{\cancel{4}^{2}} = \dfrac{1}{2}$

c) $\dfrac{6}{7} - \dfrac{4}{7} = \dfrac{6-4}{7} = \dfrac{2}{7}$

d) $\dfrac{5}{8} - \dfrac{3}{8} = \dfrac{5-3}{8} = \dfrac{\cancel{2}^{1}}{\cancel{8}^{4}} = \dfrac{1}{4}$

e) $\dfrac{2}{6} - \dfrac{1}{6} = \dfrac{2-1}{6} = \dfrac{1}{6}$

f) $\dfrac{7}{12} - \dfrac{4}{12} = \dfrac{7-4}{12} = \dfrac{\cancel{3}^{1}}{\cancel{12}^{4}} = \dfrac{1}{4}$

g) $\dfrac{9}{14} - \dfrac{6}{14} = \dfrac{9-6}{14} = \dfrac{3}{14}$

h) $\dfrac{11}{17} - \dfrac{9}{17} = \dfrac{11-9}{17} = \dfrac{2}{17}$

i) $\dfrac{22}{25} - \dfrac{12}{25} = \dfrac{22-12}{25} = \dfrac{\cancel{10}^{2}}{\cancel{25}^{5}} = \dfrac{2}{5}$

j) $\dfrac{27}{34} - \dfrac{15}{34} = \dfrac{27-15}{34} = \dfrac{\cancel{12}^{6}}{\cancel{34}^{17}} = \dfrac{6}{17}$

k) $\dfrac{49}{51} - \dfrac{44}{51} = \dfrac{49-44}{51} = \dfrac{5}{51}$

l) $\dfrac{37}{72} - \dfrac{24}{72} = \dfrac{37-24}{72} = \dfrac{13}{72}$

m) $\dfrac{6}{100} - \dfrac{2}{100} = \dfrac{6-2}{100} = \dfrac{\cancel{4}^{1}}{\cancel{100}^{25}} = \dfrac{1}{25}$

n) $\dfrac{55}{96} - \dfrac{42}{96} = \dfrac{55-42}{96} = \dfrac{13}{96}$

o) $\dfrac{62}{84} - \dfrac{58}{84} = \dfrac{62-58}{84} = \dfrac{\cancel{4}^{1}}{\cancel{84}^{21}} = \dfrac{1}{21}$

p) $\dfrac{72}{126} - \dfrac{15}{126} = \dfrac{72-15}{126} = \dfrac{\cancel{57}^{19}}{\cancel{126}^{42}} = \dfrac{19}{42}$

q) $\dfrac{134}{216} - \dfrac{68}{216} = \dfrac{134-68}{216} = \dfrac{\cancel{66}^{11}}{\cancel{216}^{36}} = \dfrac{11}{36}$

r) $\dfrac{181}{356} - \dfrac{92}{356} = \dfrac{181-92}{356} = \dfrac{\cancel{89}^{1}}{\cancel{356}^{4}} = \dfrac{1}{4}$

Lösungen zu „Subtraktion von Brüchen mit verschiedenen Nennern" (Seite 73):

17. Subtrahiere die beiden Brüche und kürze wenn möglich.

a) $4 \to 2 \cdot 2$
$2 \to 2$
HN $\to 2 \cdot 2 = 4$
$\dfrac{1 \cdot 2}{2 \cdot 2} = \dfrac{2}{4}$
$\dfrac{3}{4} - \dfrac{2}{4} = \dfrac{3-2}{4} = \dfrac{1}{4}$

b) $3 \to 3$
$6 \to 2 \cdot 3$
HN $\to 2 \cdot 3 = 6$
$\dfrac{2 \cdot 2}{3 \cdot 2} = \dfrac{4}{6}$
$\dfrac{4}{6} - \dfrac{2}{6} = \dfrac{4-2}{6} = \dfrac{\cancel{2}^{1}}{\cancel{6}^{3}} = \dfrac{1}{3}$

c) $8 \to 2 \cdot 2 \cdot 2$
$4 \to 2 \cdot 2$
HN $\to 2 \cdot 2 \cdot 2 = 8$
$\dfrac{2 \cdot 2}{4 \cdot 2} = \dfrac{4}{8}$
$\dfrac{5}{8} - \dfrac{4}{8} = \dfrac{5-4}{8} = \dfrac{1}{8}$

d) $12 \to 2 \cdot 2 \cdot 3$
$6 \to 2 \cdot 3$
HN $\to 2 \cdot 2 \cdot 3 = 12$
$\dfrac{1 \cdot 2}{6 \cdot 2} = \dfrac{2}{12}$
$\dfrac{8}{12} - \dfrac{2}{12} = \dfrac{8-2}{12} = \dfrac{\cancel{6}^{1}}{\cancel{12}^{2}} = \dfrac{1}{2}$

e) $16 \to 2 \cdot 2 \cdot 2 \cdot 2$
$8 \to 2 \cdot 2 \cdot 2$
HN $\to 2 \cdot 2 \cdot 2 \cdot 2 = 16$
$\dfrac{5 \cdot 2}{8 \cdot 2} = \dfrac{10}{16}$
$\dfrac{11}{16} - \dfrac{10}{16} = \dfrac{11-10}{16} = \dfrac{1}{16}$

f) $24 \to 2 \cdot 2 \cdot 2 \cdot 3$
$6 \to 2 \cdot 3$
HN $\to 2 \cdot 2 \cdot 2 \cdot 3 = 24$
$\dfrac{3 \cdot 4}{6 \cdot 4} = \dfrac{12}{24}$
$\dfrac{20}{24} - \dfrac{12}{24} = \dfrac{20-12}{24} = \dfrac{\cancel{8}^{1}}{\cancel{24}^{3}} = \dfrac{1}{3}$

g) $\dfrac{33:3}{36:3} = \dfrac{11}{12}$

   $12 \to 2 \cdot 2 \cdot 3$
   $4 \to 2 \cdot 2$
   HN $\to 2 \cdot 2 \cdot 3 = 12$

   $\dfrac{1 \cdot 3}{4 \cdot 3} = \dfrac{3}{12}$

   $\dfrac{11}{12} - \dfrac{3}{12} = \dfrac{11-3}{12} = \dfrac{8^2}{\cancel{12}^3} = \dfrac{2}{3}$

h) $\dfrac{32:16}{48:16} = \dfrac{2}{3}$

   $3 \to 3$
   $16 \to 2 \cdot 2 \cdot 2 \cdot 2$
   HN $\to 2 \cdot 2 \cdot 2 \cdot 2 \cdot 3 = 48$

   $\dfrac{5 \cdot 3}{16 \cdot 3} = \dfrac{15}{48}$

   $\dfrac{32}{48} - \dfrac{15}{48} = \dfrac{32-15}{48} = \dfrac{17}{48}$

i) $7 \to 7$
   $5 \to 5$
   HN $\to 5 \cdot 7 = 35$

   $\dfrac{6 \cdot 5}{7 \cdot 5} = \dfrac{30}{35}$

   $\dfrac{2 \cdot 7}{5 \cdot 7} = \dfrac{14}{35}$

   $\dfrac{30}{35} - \dfrac{14}{35} = \dfrac{30-14}{35} = \dfrac{16}{35}$

j) $6 \to 2 \cdot 3$
   $7 \to 7$
   HN $\to 2 \cdot 3 \cdot 7 = 42$

   $\dfrac{5 \cdot 7}{6 \cdot 7} = \dfrac{35}{42}$

   $\dfrac{4 \cdot 6}{7 \cdot 6} = \dfrac{24}{42}$

   $\dfrac{35}{42} - \dfrac{24}{42} = \dfrac{35-24}{42} = \dfrac{11}{42}$

k) $8 \to 2 \cdot 2 \cdot 2$
   $9 \to 3 \cdot 3$
   HN $\to 2 \cdot 2 \cdot 2 \cdot 3 \cdot 3 = 72$

   $\dfrac{5 \cdot 9}{8 \cdot 9} = \dfrac{45}{72}$

   $\dfrac{4 \cdot 8}{9 \cdot 8} = \dfrac{32}{72}$

   $\dfrac{45}{72} - \dfrac{32}{72} = \dfrac{45-32}{72} = \dfrac{13}{72}$

l) $8 \to 2 \cdot 2 \cdot 2$
   $25 \to 5 \cdot 5$
   HN $\to 2 \cdot 2 \cdot 2 \cdot 5 \cdot 5 = 200$

   $\dfrac{7 \cdot 25}{8 \cdot 25} = \dfrac{175}{200}$

   $\dfrac{3 \cdot 8}{25 \cdot 8} = \dfrac{24}{200}$

   $\dfrac{175}{200} - \dfrac{24}{200} = \dfrac{175-24}{200} = \dfrac{151}{200}$

m) $\dfrac{9:3}{12:3} = \dfrac{3}{4}$

   $4 \to 2 \cdot 2$
   $7 \to 7$
   HN $\to 2 \cdot 2 \cdot 7 = 28$

   $\dfrac{3 \cdot 7}{4 \cdot 7} = \dfrac{21}{28}$

   $\dfrac{4 \cdot 4}{7 \cdot 4} = \dfrac{16}{28}$

   $\dfrac{21}{28} - \dfrac{16}{28} = \dfrac{21-16}{28} = \dfrac{5}{28}$

n) $16 \to 2 \cdot 2 \cdot 2 \cdot 2$
   $5 \to 5$
   HN $\to 2 \cdot 2 \cdot 2 \cdot 2 \cdot 5 = 80$

   $\dfrac{13 \cdot 5}{16 \cdot 5} = \dfrac{65}{80}$

   $\dfrac{3 \cdot 16}{5 \cdot 16} = \dfrac{48}{80}$

   $\dfrac{65}{80} - \dfrac{48}{80} = \dfrac{65-48}{80} = \dfrac{17}{80}$

o) $\dfrac{24:3}{27:3} = \dfrac{8}{9}$

   $9 \to 3 \cdot 3$
   $16 \to 2 \cdot 2 \cdot 2 \cdot 2$
   HN $\to 2 \cdot 2 \cdot 2 \cdot 2 \cdot 3 \cdot 3 = 144$

   $\dfrac{8 \cdot 16}{9 \cdot 16} = \dfrac{128}{144}$

   $\dfrac{13 \cdot 9}{16 \cdot 9} = \dfrac{117}{144}$

   $\dfrac{128}{144} - \dfrac{117}{144} = \dfrac{128-117}{144} = \dfrac{11}{144}$

p) $52 \to 2 \cdot 2 \cdot 13$
   $24 \to 2 \cdot 2 \cdot 2 \cdot 3$
   HN $\to 2 \cdot 2 \cdot 2 \cdot 3 \cdot 13 = 312$

   $\dfrac{41 \cdot 6}{52 \cdot 6} = \dfrac{246}{312}$

   $\dfrac{17 \cdot 13}{24 \cdot 13} = \dfrac{221}{312}$

   $\dfrac{246}{312} - \dfrac{221}{312} = \dfrac{246-221}{312} = \dfrac{25}{312}$

q) $\dfrac{63:9}{72:9} = \dfrac{7}{8}$

   $8 \to 2 \cdot 2 \cdot 2$
   $56 \to 2 \cdot 2 \cdot 2 \cdot 7$
   HN $\to 2 \cdot 2 \cdot 2 \cdot 7 = 56$

   $\dfrac{7 \cdot 7}{8 \cdot 7} = \dfrac{49}{56}$

   $\dfrac{49}{56} - \dfrac{27}{56} = \dfrac{49-27}{56} = \dfrac{\cancel{22}^{11}}{\cancel{56}^{28}} = \dfrac{11}{28}$

r) $\dfrac{82:2}{126:2} = \dfrac{41}{64}$

   $\dfrac{33:3}{96:3} = \dfrac{11}{32}$

   $64 \to 2 \cdot 2 \cdot 2 \cdot 2 \cdot 2 \cdot 2$
   $32 \to 2 \cdot 2 \cdot 2 \cdot 2 \cdot 2$
   HN $\to 2 \cdot 2 \cdot 2 \cdot 2 \cdot 2 \cdot 2 = 64$

   $\dfrac{11 \cdot 2}{32 \cdot 2} = \dfrac{22}{64}$

   $\dfrac{41}{64} - \dfrac{22}{64} = \dfrac{41-22}{64} = \dfrac{19}{64}$

Lösungen zu „Subtraktion von mehreren Brüchen" (Seite 73):

18. Subtrahiere die Brüche und kürze wenn möglich.

a) $\frac{7}{8} - \frac{3}{8} - \frac{2}{8} = \frac{7-3-2}{8} =$

$\frac{2^1}{8_4} = \frac{1}{4}$

b) $\frac{8}{9} - \frac{3}{9} - \frac{4}{9} = \frac{8-3-4}{9} = \frac{1}{9}$

c) $\frac{11}{15} - \frac{6}{15} - \frac{3}{15} = \frac{11-6-3}{15} = \frac{2}{15}$

d) $\frac{13}{17} - \frac{5}{17} - \frac{2}{17} =$

$\frac{13-5-2}{17} = \frac{6}{17}$

e) $\frac{17}{21} - \frac{4}{21} - \frac{6}{21} = \frac{17-4-6}{21} =$

$\frac{7^1}{21_3} = \frac{1}{3}$

f) $\frac{21}{34} - \frac{7}{34} - \frac{9}{34} = \frac{21-7-9}{34} = \frac{5}{34}$

g) $\frac{9:3}{12:3} = \frac{3}{4}$

$4 \to 2 \cdot 2$
$2 \to 2$
$6 \to 2 \cdot 3$
HN $\to 2 \cdot 2 \cdot 3 = 12$

$\frac{1 \cdot 6}{2 \cdot 6} = \frac{6}{12}$

$\frac{1 \cdot 2}{6 \cdot 2} = \frac{2}{12}$

$\frac{9}{12} - \frac{6}{12} - \frac{2}{12} = \frac{9-6-2}{12} = \frac{1}{12}$

h) $\frac{15:3}{18:3} = \frac{5}{6}$

$\frac{2:3}{6:3} = \frac{1}{3}$

$6 \to 2 \cdot 3$
$3 \to 3$
HN $\to 2 \cdot 3 = 6$

$\frac{1 \cdot 2}{3 \cdot 2} = \frac{2}{6}$

$\frac{5}{6} - \frac{2}{6} - \frac{2}{6} = \frac{5-2-2}{6} = \frac{1}{6}$

i) $28 \to 2 \cdot 2 \cdot 7$
$7 \to 7$
$4 \to 2 \cdot 2$
HN $\to 2 \cdot 2 \cdot 7 = 28$

$\frac{3 \cdot 4}{7 \cdot 4} = \frac{12}{28}$

$\frac{1 \cdot 7}{4 \cdot 7} = \frac{7}{28}$

$\frac{23}{28} - \frac{12}{28} - \frac{7}{28} = \frac{23-12-7}{28} =$

$\frac{4^1}{28_7} = \frac{1}{7}$

j) $\frac{28:4}{36:4} = \frac{7}{9}$

$\frac{3:3}{9:3} = \frac{1}{3}$

$\frac{4:4}{12:4} = \frac{1}{3}$

$9 \to 3 \cdot 3$
$3 \to 3$
HN $\to 3 \cdot 3 = 9$

$\frac{1 \cdot 3}{3 \cdot 3} = \frac{3}{9}$

$\frac{7}{9} - \frac{3}{9} - \frac{3}{9} = \frac{7-3-3}{9} = \frac{1}{9}$

k) $\frac{39:3}{48:3} = \frac{13}{16}$

$16 \to 2 \cdot 2 \cdot 2 \cdot 2$
$12 \to 2 \cdot 2 \cdot 3$
HN $\to 2 \cdot 2 \cdot 2 \cdot 2 \cdot 3 = 48$

$\frac{3 \cdot 3}{16 \cdot 3} = \frac{9}{48}$

$\frac{5 \cdot 4}{12 \cdot 4} = \frac{20}{48}$

$\frac{39}{48} - \frac{9}{48} - \frac{20}{48} = \frac{39-9-20}{48} =$

$\frac{10^5}{48_{24}} = \frac{5}{24}$

l) $72 \to 2 \cdot 2 \cdot 2 \cdot 3 \cdot 3$
$18 \to 2 \cdot 3 \cdot 3$
$4 \to 2 \cdot 2$
HN $\to 2 \cdot 2 \cdot 2 \cdot 3 \cdot 3 = 72$

$\frac{7 \cdot 4}{18 \cdot 4} = \frac{28}{72}$

$\frac{1 \cdot 18}{4 \cdot 18} = \frac{18}{72}$

$\frac{59}{72} - \frac{28}{72} - \frac{18}{72} = \frac{59-28-18}{72} = \frac{13}{72}$

m) $8 \to 2 \cdot 2 \cdot 2$
   $3 \to 3$
   $5 \to 5$
   $HN \to 2 \cdot 2 \cdot 2 \cdot 3 \cdot 5 = 120$
   $\dfrac{7 \cdot 15}{8 \cdot 15} = \dfrac{105}{120}$
   $\dfrac{1 \cdot 40}{3 \cdot 40} = \dfrac{40}{120}$
   $\dfrac{2 \cdot 24}{5 \cdot 24} = \dfrac{48}{120}$
   $\dfrac{105}{120} - \dfrac{40}{120} - \dfrac{48}{120} =$
   $\dfrac{105 - 40 - 48}{120} = \dfrac{17}{120}$

n) $\dfrac{35 : 7}{42 : 7} = \dfrac{5}{6}$
   $\dfrac{3 : 3}{12 : 3} = \dfrac{1}{4}$
   $6 \to 2 \cdot 3$
   $4 \to 2 \cdot 2$
   $7 \to 7$
   $HN \to 2 \cdot 2 \cdot 3 \cdot 7 = 84$
   $\dfrac{5 \cdot 14}{6 \cdot 14} = \dfrac{70}{84}$
   $\dfrac{1 \cdot 21}{4 \cdot 21} = \dfrac{21}{84}$
   $\dfrac{4 \cdot 12}{7 \cdot 12} = \dfrac{48}{84}$
   $\dfrac{70}{84} - \dfrac{21}{84} - \dfrac{48}{84} =$
   $\dfrac{70 - 21 - 48}{84} = \dfrac{1}{84}$

o) $\dfrac{2 : 2}{8 : 2} = \dfrac{1}{4}$
   $36 \to 2 \cdot 2 \cdot 3 \cdot 3$
   $4 \to 2 \cdot 2$
   $5 \to 5$
   $HN \to 2 \cdot 2 \cdot 3 \cdot 3 \cdot 5 = 180$
   $\dfrac{31 \cdot 5}{36 \cdot 5} = \dfrac{155}{180}$
   $\dfrac{1 \cdot 45}{4 \cdot 45} = \dfrac{45}{180}$
   $\dfrac{3 \cdot 36}{5 \cdot 36} = \dfrac{108}{180}$
   $\dfrac{155}{180} - \dfrac{45}{180} - \dfrac{108}{180} =$
   $\dfrac{155 - 45 - 108}{180} = \dfrac{\cancel{2}^{1}}{\cancel{180}^{90}} = \dfrac{1}{90}$

p) $24 \to 2 \cdot 2 \cdot 2 \cdot 3$
   $27 \to 3 \cdot 3 \cdot 3$
   $36 \to 2 \cdot 2 \cdot 3 \cdot 3$
   $HN \to 2 \cdot 2 \cdot 2 \cdot 3 \cdot 3 \cdot 3 = 216$
   $\dfrac{19 \cdot 9}{24 \cdot 9} = \dfrac{171}{216}$
   $\dfrac{13 \cdot 8}{27 \cdot 8} = \dfrac{104}{216}$
   $\dfrac{11 \cdot 6}{36 \cdot 6} = \dfrac{66}{216}$
   $\dfrac{171}{216} - \dfrac{104}{216} - \dfrac{66}{216} =$
   $\dfrac{171 - 104 - 66}{216} = \dfrac{1}{216}$

q) $\dfrac{24 : 12}{36 : 12} = \dfrac{2}{3}$
   $\dfrac{4 : 2}{18 : 2} = \dfrac{2}{9}$
   $3 \to 3$
   $9 \to 3 \cdot 3$
   $21 \to 3 \cdot 7$
   $HN \to 3 \cdot 3 \cdot 7 = 63$
   $\dfrac{2 \cdot 21}{3 \cdot 21} = \dfrac{42}{63}$
   $\dfrac{2 \cdot 7}{9 \cdot 7} = \dfrac{14}{63}$
   $\dfrac{8 \cdot 3}{21 \cdot 3} = \dfrac{24}{63}$
   $\dfrac{42}{63} - \dfrac{14}{63} - \dfrac{24}{63} =$
   $\dfrac{42 - 14 - 24}{63} = \dfrac{4}{63}$

r) $\dfrac{39 : 3}{48 : 3} = \dfrac{13}{16}$
   $16 \to 2 \cdot 2 \cdot 2 \cdot 2$
   $27 \to 3 \cdot 3 \cdot 3$
   $32 \to 2 \cdot 2 \cdot 2 \cdot 2 \cdot 2$
   $HN \to 2 \cdot 2 \cdot 2 \cdot 2 \cdot 2 \cdot 3 \cdot 3 \cdot 3 = 864$
   $\dfrac{13 \cdot 54}{16 \cdot 54} = \dfrac{702}{864}$
   $\dfrac{13 \cdot 32}{27 \cdot 32} = \dfrac{416}{864}$
   $\dfrac{9 \cdot 27}{32 \cdot 27} = \dfrac{243}{864}$
   $\dfrac{702}{864} - \dfrac{416}{864} - \dfrac{243}{864} =$
   $\dfrac{702 - 416 - 243}{864} = \dfrac{43}{864}$

Lösungen zu „Multiplikation von Brüchen" (Seite 74):

19. Multipliziere die Brüche miteinander und kürze wenn möglich.

a) $\frac{1}{4} \cdot \frac{1}{2} = \frac{1 \cdot 1}{4 \cdot 2} = \frac{1}{8}$

b) $\frac{1}{3} \cdot \frac{2}{3} = \frac{1 \cdot 2}{3 \cdot 3} = \frac{2}{9}$

c) $\frac{2}{4} \cdot \frac{3}{5} = \frac{2^1 \cdot 3}{4^2 \cdot 5} = \frac{3}{10}$

d) $\frac{4}{7} \cdot \frac{3}{4} = \frac{4^1 \cdot 3}{7 \cdot 4^1} = \frac{3}{7}$

e) $\frac{5}{7} \cdot \frac{6}{8} = \frac{5 \cdot 6^3}{7 \cdot 8^4} = \frac{15}{28}$

f) $\frac{2}{9} \cdot \frac{5}{7} = \frac{2 \cdot 5}{9 \cdot 7} = \frac{10}{63}$

g) $\frac{7}{12} \cdot \frac{3}{4} = \frac{7 \cdot 3^1}{12^4 \cdot 4} = \frac{7}{16}$

h) $\frac{5}{14} \cdot \frac{2}{3} = \frac{5 \cdot 2^1}{14^7 \cdot 3} = \frac{5}{21}$

i) $\frac{11}{15} \cdot \frac{4}{5} = \frac{11 \cdot 4}{15 \cdot 5} = \frac{44}{75}$

j) $\frac{12}{14} \cdot \frac{7}{8} = \frac{12^3 \cdot 7^1}{14^2 \cdot 8^2} = \frac{3}{4}$

k) $\frac{13}{18} \cdot \frac{5}{9} = \frac{13 \cdot 5}{18 \cdot 9} = \frac{65}{162}$

l) $\frac{7}{21} \cdot \frac{3}{6} = \frac{7^1 \cdot 3^1}{21^3 \cdot 6^2} = \frac{1}{6}$

m) $\frac{9}{11} \cdot \frac{4}{13} = \frac{9 \cdot 4}{11 \cdot 13} = \frac{36}{143}$

n) $\frac{7}{13} \cdot \frac{6}{15} = \frac{7 \cdot 6^2}{13 \cdot 15^5} = \frac{14}{65}$

o) $\frac{3}{12} \cdot \frac{9}{16} = \frac{3 \cdot 9^3}{12^4 \cdot 16} = \frac{9}{64}$

p) $\frac{8}{23} \cdot \frac{13}{20} = \frac{8^2 \cdot 13}{23 \cdot 20^5} = \frac{26}{115}$

q) $\frac{12}{17} \cdot \frac{25}{34} = \frac{12^6 \cdot 25}{17 \cdot 34^{17}} = \frac{150}{289}$

r) $\frac{21}{32} \cdot \frac{20}{45} = \frac{21^7 \cdot 20^5}{32^8 \cdot 45^{15}} = \frac{7 \cdot 5^1}{8 \cdot 15^3} = \frac{7}{24}$

Lösungen zu „Multiplikation von mehreren Brüchen" (Seite 74):

20. Multipliziere die Brüche miteinander und kürze wenn möglich.

a) $\frac{1}{2} \cdot \frac{3}{4} \cdot \frac{4}{6} = \frac{1 \cdot 3^1 \cdot 4^1}{2 \cdot 4^1 \cdot 6^2} = \frac{1}{4}$

b) $\frac{3}{5} \cdot \frac{5}{7} \cdot \frac{1}{3} = \frac{3^1 \cdot 5^1 \cdot 1}{5^1 \cdot 7 \cdot 3^1} = \frac{1}{7}$

c) $\frac{2}{5} \cdot \frac{3}{5} \cdot \frac{4}{5} = \frac{2 \cdot 3 \cdot 4}{5 \cdot 5 \cdot 5} = \frac{24}{125}$

d) $\frac{5}{8} \cdot \frac{4}{6} \cdot \frac{3}{7} = \frac{5 \cdot 4^1 \cdot 3^1}{8^2 \cdot 6^2 \cdot 7} = \frac{5}{28}$

e) $\frac{11}{12} \cdot \frac{1}{3} \cdot \frac{3}{4} = \frac{11 \cdot 1 \cdot 3^1}{12^4 \cdot 3 \cdot 4} = \frac{11}{48}$

f) $\frac{4}{9} \cdot \frac{2}{3} \cdot \frac{2}{6} = \frac{4^2 \cdot 2 \cdot 2}{9 \cdot 3 \cdot 6^3} = \frac{8}{81}$

g) $\frac{7}{9} \cdot \frac{6}{8} \cdot \frac{2}{5} = \frac{7 \cdot 6^2 \cdot 2^1}{9^3 \cdot 8^4 \cdot 5} = \frac{7 \cdot 2^1 \cdot 1}{3 \cdot 4^2 \cdot 5} = \frac{7}{30}$

h) $\frac{7}{15} \cdot \frac{1}{4} \cdot \frac{2}{6} = \frac{7 \cdot 1 \cdot 2^1}{15 \cdot 4 \cdot 6^3} = \frac{7}{180}$

i) $\frac{8}{16} \cdot \frac{4}{5} \cdot \frac{7}{9} = \frac{8^1 \cdot 4 \cdot 7}{16^2 \cdot 5 \cdot 9} = \frac{1 \cdot 4^2 \cdot 7}{2^1 \cdot 5 \cdot 9} = \frac{14}{45}$

j) $\frac{5}{18} \cdot \frac{7}{12} \cdot \frac{2}{3} = \frac{5 \cdot 7 \cdot 2^1}{18^9 \cdot 12 \cdot 3} = \frac{35}{324}$

k) $\frac{12}{14} \cdot \frac{11}{19} \cdot \frac{5}{7} = \frac{12^6 \cdot 11 \cdot 5}{14^7 \cdot 19 \cdot 7} = \frac{330}{931}$

l) $\frac{4}{9} \cdot \frac{12}{14} \cdot \frac{15}{18} = \frac{4^2 \cdot 12^2 \cdot 15^5}{9^3 \cdot 14^7 \cdot 18^3} = \frac{20}{63}$

m) $\frac{3}{4} \cdot \frac{5}{7} \cdot \frac{1}{3} \cdot \frac{2}{6} = \frac{3^1 \cdot 5 \cdot 1 \cdot 2^1}{4 \cdot 7 \cdot 3^1 \cdot 6^3} = \frac{5}{84}$

n) $\frac{3}{5} \cdot \frac{1}{2} \cdot \frac{2}{4} \cdot \frac{2}{3} = \frac{3^1 \cdot 1 \cdot 2^1 \cdot 2^1}{5 \cdot 2^1 \cdot 4^2 \cdot 3^1} = \frac{1}{10}$

o) $\frac{2}{7} \cdot \frac{5}{6} \cdot \frac{7}{9} \cdot \frac{3}{8} = \frac{2^1 \cdot 5 \cdot 7^1 \cdot 3^1}{7^1 \cdot 6 \cdot 9^3 \cdot 8^4} = \frac{5}{72}$

p) $\frac{5}{6} \cdot \frac{3}{4} \cdot \frac{4}{5} \cdot \frac{1}{2} = \frac{5^1 \cdot 3^1 \cdot 4^1 \cdot 1}{6^2 \cdot 4^1 \cdot 5^1 \cdot 2} = \frac{1}{4}$

q) $\frac{7}{8} \cdot \frac{1}{3} \cdot \frac{2}{4} \cdot \frac{4}{9} = \frac{7 \cdot 1 \cdot 2^1 \cdot 4^1}{8^4 \cdot 3 \cdot 4^1 \cdot 9} = \frac{7}{108}$

r) $\frac{1}{5} \cdot \frac{2}{6} \cdot \frac{3}{7} \cdot \frac{4}{8} = \frac{1 \cdot 2 \cdot 3^1 \cdot 4^1}{5 \cdot 6^2 \cdot 7 \cdot 8^2} = \frac{1 \cdot 2^1 \cdot 1 \cdot 1}{5 \cdot 2^1 \cdot 7 \cdot 2} = \frac{1}{70}$

Lösungen zu „Multiplikation eines Bruches mit einer Ganzzahl" (Seite 75):

21. Multipliziere den Bruch mit der Ganzzahl und vereinfache wenn möglich.

a) $\frac{1}{2} \cdot \frac{2}{1} = \frac{1 \cdot \cancel{2}^1}{\cancel{2}^1 \cdot 1} = \frac{1}{1} = 1$

b) $\frac{2}{3} \cdot \frac{5}{1} = \frac{2 \cdot 5}{3 \cdot 1} = \frac{10}{3} = 3\frac{1}{3}$
    10 : 3 = 3 Rest 1

c) $\frac{3}{5} \cdot \frac{4}{1} = \frac{3 \cdot 4}{5 \cdot 1} = \frac{12}{5} = 2\frac{2}{5}$
    12 : 5 = 2 Rest 2

d) $\frac{5}{8} \cdot \frac{6}{1} = \frac{5 \cdot \cancel{6}^3}{\cancel{8}^4 \cdot 1} = \frac{15}{4} = 3\frac{3}{4}$
    15 : 4 = 3 Rest 3

e) $\frac{3}{4} \cdot \frac{3}{1} = \frac{3 \cdot 3}{4 \cdot 1} = \frac{9}{4} = 2\frac{1}{4}$
    9 : 4 = 2 Rest 1

f) $\frac{6}{9} \cdot \frac{7}{1} = \frac{\cancel{6}^2 \cdot 7}{\cancel{9}^3 \cdot 1} = \frac{14}{3} = 4\frac{2}{3}$
    14 : 3 = 4 Rest 2

g) $\frac{9}{14} \cdot \frac{4}{1} = \frac{9 \cdot \cancel{4}^2}{\cancel{14}^7 \cdot 1} = \frac{18}{7} = 2\frac{4}{7}$
    18 : 7 = 2 Rest 4

h) $\frac{7}{15} \cdot \frac{8}{1} = \frac{7 \cdot 8}{15 \cdot 1} = \frac{56}{15} = 3\frac{11}{15}$
    56 : 15 = 3 Rest 11

i) $\frac{2}{4} \cdot \frac{12}{1} = \frac{2 \cdot \cancel{12}^3}{\cancel{4}^1 \cdot 1} = \frac{6}{1} = 6$

j) $\frac{7}{9} \cdot \frac{15}{1} = \frac{7 \cdot \cancel{15}^5}{\cancel{9}^3 \cdot 1} = \frac{35}{3} = 11\frac{2}{3}$
    35 : 3 = 11 Rest 2

k) $\frac{11}{16} \cdot \frac{16}{1} = \frac{11 \cdot \cancel{16}^1}{\cancel{16}^1 \cdot 1} = \frac{11}{1} = 11$

l) $\frac{23}{35} \cdot \frac{19}{1} = \frac{23 \cdot 19}{35 \cdot 1} = \frac{437}{35} = 12\frac{17}{35}$
    437 : 35 = 12 Rest 17

m) $\frac{15}{36} \cdot \frac{21}{1} = \frac{15 \cdot \cancel{21}^7}{\cancel{14}^{12} \cdot 1} =$
   $\frac{\cancel{15}^5 \cdot 7}{\cancel{12}^4 \cdot 1} = \frac{35}{4} = 8\frac{3}{4}$
    35 : 4 = 8 Rest 3

n) $\frac{28}{77} \cdot \frac{16}{1} = \frac{\cancel{28}^4 \cdot 16}{\cancel{77}^{11} \cdot 1} = \frac{64}{11} = 5\frac{9}{11}$
    64 : 11 = 5 Rest 9

o) $\frac{18}{48} \cdot \frac{17}{1} = \frac{\cancel{18}^3 \cdot 17}{\cancel{48}^8 \cdot 1} = \frac{51}{8} = 6\frac{3}{8}$
    51 : 8 = 6 Rest 3

p) $\frac{50}{65} \cdot \frac{21}{1} = \frac{\cancel{50}^{10} \cdot 21}{\cancel{65}^{13} \cdot 1} = \frac{210}{13} = 16\frac{2}{13}$
    210 : 13 = 16 Rest 2

q) $\frac{132}{154} \cdot \frac{16}{1} = \frac{\cancel{132}^6 \cdot 16}{\cancel{154}^7 \cdot 1} = \frac{96}{7} = 13\frac{5}{7}$
    96 : 7 = 13 Rest 5

r) $\frac{96}{128} \cdot \frac{31}{1} = \frac{\cancel{96}^3 \cdot 31}{\cancel{128}^4 \cdot 1} = \frac{93}{4} = 23\frac{1}{4}$
    93 : 4 = 23 Rest 1

Lösungen zu „Division von Brüchen" (Seite 75):

22. Dividiere die Brüche und vereinfache wenn möglich.

a) $\frac{1}{2} : \frac{1}{3} = \frac{1 \cdot 3}{2 \cdot 1} = \frac{3}{2} = 1\frac{1}{2}$
    3 : 2 = 1 Rest 1

b) $\frac{3}{5} : \frac{\cancel{2}^1}{\cancel{6}^3} = \frac{3 \cdot 3}{5 \cdot 1} = \frac{9}{5} = 1\frac{4}{5}$
    9 : 5 = 1 Rest 4

c) $\frac{2}{3} : \frac{4}{5} = \frac{\cancel{2}^1 \cdot 5}{3 \cdot \cancel{4}^2} = \frac{5}{6}$

d) $\frac{4}{9} : \frac{1}{4} = \frac{4 \cdot 4}{9 \cdot 1} = \frac{16}{9} = 1\frac{7}{9}$
    16 : 9 = 1 Rest 7

e) $\frac{13}{15} : \frac{\cancel{2}^1}{\cancel{4}^2} = \frac{13 \cdot 2}{15 \cdot 1} = \frac{26}{15} = 1\frac{11}{15}$
    26 : 15 = 1 Rest 11

f) $\frac{3}{4} : \frac{\cancel{2}^1}{\cancel{4}^2} = \frac{3 \cdot \cancel{2}^1}{\cancel{4}^2 \cdot 1} = \frac{3}{2} = 1\frac{1}{2}$
    3 : 2 = 1 Rest 1

g) $\frac{1}{3} : \frac{5}{6} = \frac{1 \cdot \cancel{6}^2}{\cancel{3}^1 \cdot 5} = \frac{2}{5}$

h) $\frac{\cancel{2}^1}{\cancel{8}^4} : \frac{4}{7} = \frac{1 \cdot 7}{4 \cdot 4} = \frac{7}{16}$

i) $\frac{1}{4} : \frac{\cancel{6}^3}{\cancel{8}^4} = \frac{1 \cdot \cancel{4}^1}{\cancel{4}^1 \cdot 3} = \frac{1}{3}$

j) $\frac{5}{6} : \frac{8}{9} = \frac{5 \cdot \cancel{9}^3}{\cancel{6}^2 \cdot 8} = \frac{15}{16}$

k) $\frac{3}{8} : \frac{\cancel{6}^2}{\cancel{9}^3} = \frac{3 \cdot 3}{8 \cdot 2} = \frac{9}{16}$

l) $\frac{\cancel{9}^3}{\cancel{12}^4} : \frac{\cancel{6}^3}{\cancel{8}^4} = \frac{\cancel{3}^1 \cdot \cancel{4}^1}{\cancel{4}^1 \cdot \cancel{3}^1} = \frac{1}{1} = 1$

m) $\frac{8}{15} : \frac{7}{12} = \frac{8 \cdot \cancel{12}^4}{\cancel{15}^5 \cdot 7} = \frac{32}{35}$

n) $\frac{12}{17} : \frac{11}{14} = \frac{12 \cdot 14}{17 \cdot 11} = \frac{168}{187}$

o) $\frac{15}{22} : \frac{13}{16} = \frac{15 \cdot \cancel{16}^8}{\cancel{22}^{11} \cdot 13} = \frac{120}{143}$

p) $\frac{\cancel{16}^8}{\cancel{34}^{17}} : \frac{\cancel{12}^6}{\cancel{22}^{11}} = \frac{8 \cdot 11}{17 \cdot \cancel{6}^3} = \frac{44}{51}$

q) $\frac{12}{35} : \frac{21}{38} = \frac{\cancel{12}^4 \cdot 38}{35 \cdot \cancel{21}^7} = \frac{152}{245}$

r) $\frac{27}{56} : \frac{9}{23} = \frac{\cancel{27}^3 \cdot 23}{56 \cdot \cancel{9}^1} = \frac{69}{56} = 1\frac{13}{56}$
    69 : 56 = 1 Rest 13

Lösungen zu „Division eines Bruches durch eine Ganzzahl" (Seite 76):

23. Dividiere den Bruch durch die Ganzzahl und vereinfache wenn möglich.

a) $\frac{1}{2} : \frac{6}{1} = \frac{1 \cdot 1}{2 \cdot 6} = \frac{1}{12}$

b) $\frac{3}{5} : \frac{3}{1} = \frac{3^1 \cdot 1}{5 \cdot 3^1} = \frac{1}{5}$

c) $\frac{1}{4} : \frac{8}{1} = \frac{1 \cdot 1}{4 \cdot 8} = \frac{1}{32}$

d) $\frac{4}{9} : \frac{7}{1} = \frac{4 \cdot 1}{9 \cdot 7} = \frac{4}{63}$

e) $\frac{3}{8} : \frac{9}{1} = \frac{3^1 \cdot 1}{8 \cdot 9^3} = \frac{1}{24}$

f) $\frac{3}{4} : \frac{4}{1} = \frac{3 \cdot 1}{4 \cdot 4} = \frac{3}{16}$

g) $\frac{15}{36} : \frac{3}{1} = \frac{\cancel{15}^5 \cdot 1}{36 \cdot \cancel{3}^1} = \frac{5}{36}$

h) $\frac{2}{7} : \frac{7}{1} = \frac{2 \cdot 1}{7 \cdot 7} = \frac{2}{49}$

i) $\frac{9}{12} : \frac{11}{1} = \frac{\cancel{9}^3 \cdot 1}{\cancel{12}^4 \cdot 11} = \frac{3}{44}$

j) $\frac{5}{11} : \frac{5}{1} = \frac{5^1 \cdot 1}{11 \cdot 5^1} = \frac{1}{11}$

k) $\frac{13}{15} : \frac{4}{1} = \frac{13 \cdot 1}{15 \cdot 4} = \frac{13}{60}$

l) $\frac{15}{22} : \frac{8}{1} = \frac{15 \cdot 1}{22 \cdot 8} = \frac{15}{176}$

m) $\frac{2}{5} : \frac{11}{1} = \frac{2 \cdot 1}{5 \cdot 11} = \frac{2}{55}$

n) $\frac{3}{4} : \frac{12}{1} = \frac{3^1 \cdot 1}{4 \cdot \cancel{12}^4} = \frac{1}{16}$

o) $\frac{25}{13} : \frac{6}{1} = \frac{25 \cdot 1}{13 \cdot 6} = \frac{25}{78}$

p) $\frac{16}{5} : \frac{7}{1} = \frac{16 \cdot 1}{5 \cdot 7} = \frac{16}{35}$

q) $\frac{32}{9} : \frac{13}{1} = \frac{32 \cdot 1}{9 \cdot 13} = \frac{32}{117}$

r) $\frac{84}{12} : \frac{7}{1} = \frac{\cancel{7}^1 \cdot 1}{1 \cdot \cancel{7}^1} = \frac{1}{1} = 1$

Lösungen zu „Brüche vergleichen" (Seite 76):

24. Vergleiche die Brüche.

a) $\frac{3}{5} < \frac{4}{5}$

b) $\frac{5}{7} > \frac{2}{7}$

c) $\frac{4}{8} < \frac{6}{8}$

d) $\frac{7}{11} > \frac{5}{11}$

e) $4 \to 2 \cdot 2$
$5 \to 5$
HN $\to 2 \cdot 2 \cdot 5 = 20$
$\frac{3 \cdot 5}{4 \cdot 5} = \frac{15}{20}$
$\frac{2 \cdot 4}{5 \cdot 4} = \frac{8}{20}$
$\frac{15}{20} > \frac{8}{20}$

f) $9 \to 3 \cdot 3$
$3 \to 3$
HN $\to 3 \cdot 3 = 9$
$\frac{2 \cdot 3}{3 \cdot 3} = \frac{6}{9}$
$\frac{5}{9} < \frac{6}{9}$

g) $\frac{3 : 3}{6 : 3} = \frac{1}{2}$
$\frac{4 : 4}{8 : 4} = \frac{1}{2}$
$\frac{1}{2} = \frac{1}{2}$

h) $9 \to 3 \cdot 3$
$7 \to 7$
HN $\to 3 \cdot 3 \cdot 7 = 63$
$\frac{5 \cdot 7}{9 \cdot 7} = \frac{35}{63}$
$\frac{6 \cdot 9}{7 \cdot 9} = \frac{54}{63}$
$\frac{35}{63} < \frac{54}{63}$

i) $8 \to 2 \cdot 2 \cdot 2$
$5 \to 5$
HN $\to 2 \cdot 2 \cdot 2 \cdot 5 = 40$
$\frac{7 \cdot 5}{8 \cdot 5} = \frac{35}{40}$
$\frac{3 \cdot 8}{5 \cdot 8} = \frac{24}{40}$
$\frac{35}{40} > \frac{24}{40}$

j) $9 \to 3 \cdot 3$
$4 \to 2 \cdot 2$
HN $\to 2 \cdot 2 \cdot 3 \cdot 3 = 36$

$\dfrac{2 \cdot 4}{9 \cdot 4} = \dfrac{8}{36}$

$\dfrac{1 \cdot 9}{4 \cdot 9} = \dfrac{9}{36}$

$\dfrac{8}{36} < \dfrac{9}{36}$

k) $11 \to 11$
$2 \to 2$
HN $\to 2 \cdot 11 = 22$

$\dfrac{8 \cdot 2}{11 \cdot 2} = \dfrac{16}{22}$

$\dfrac{1 \cdot 11}{2 \cdot 11} = \dfrac{11}{22}$

$\dfrac{16}{22} > \dfrac{11}{22}$

l) $\dfrac{9:3}{12:3} = \dfrac{3}{4}$

$\dfrac{3}{4} = \dfrac{3}{4}$

m) $15 \to 3 \cdot 5$
$30 \to 2 \cdot 3 \cdot 5$
HN $\to 2 \cdot 3 \cdot 5 = 30$

$\dfrac{7 \cdot 2}{15 \cdot 2} = \dfrac{14}{30}$

$\dfrac{14}{30} > \dfrac{11}{30}$

n) $\dfrac{22:2}{36:2} = \dfrac{11}{18}$

$12 \to 2 \cdot 2 \cdot 3$
$18 \to 2 \cdot 3 \cdot 3$
HN $\to 2 \cdot 2 \cdot 3 \cdot 3 = 36$

$\dfrac{7 \cdot 3}{12 \cdot 3} = \dfrac{21}{36}$

$\dfrac{21}{36} < \dfrac{22}{36}$

o) $5 \to 5$
$8 \to 2 \cdot 2 \cdot 2$
HN $\to 2 \cdot 2 \cdot 2 \cdot 5 = 40$

$\dfrac{2 \cdot 8}{5 \cdot 8} = \dfrac{16}{40}$

$\dfrac{1 \cdot 8}{5 \cdot 8} = \dfrac{8}{40}$

$\dfrac{3 \cdot 5}{8 \cdot 5} = \dfrac{15}{40}$

$\dfrac{16}{40} > \dfrac{8}{40} < \dfrac{15}{40}$

p) $9 \to 3 \cdot 3$
$3 \to 3$
$8 \to 2 \cdot 2 \cdot 2$
HN $\to 2 \cdot 2 \cdot 2 \cdot 3 \cdot 3 = 72$

$\dfrac{5 \cdot 8}{9 \cdot 8} = \dfrac{40}{72}$

$\dfrac{2 \cdot 24}{3 \cdot 24} = \dfrac{48}{72}$

$\dfrac{7 \cdot 9}{8 \cdot 9} = \dfrac{63}{72}$

$\dfrac{40}{72} < \dfrac{48}{72} < \dfrac{63}{72}$

q) $\dfrac{8:4}{12:4} = \dfrac{2}{3}$

$\dfrac{5:5}{20:5} = \dfrac{1}{4}$

$3 \to 3$
$4 \to 2 \cdot 2$
HN $\to 2 \cdot 2 \cdot 3 = 12$

$\dfrac{3 \cdot 3}{4 \cdot 3} = \dfrac{9}{12}$

$\dfrac{1 \cdot 3}{4 \cdot 3} = \dfrac{3}{12}$

$\dfrac{9}{12} > \dfrac{8}{12} > \dfrac{3}{12}$

r) $\dfrac{9:3}{12:3} = \dfrac{3}{4}$

$\dfrac{6:2}{8:2} = \dfrac{3}{4}$

$\dfrac{2:2}{14:2} = \dfrac{1}{7}$

$4 \to 2 \cdot 2$
$7 \to 7$
HN $\to 2 \cdot 2 \cdot 7 = 28$

$\dfrac{3 \cdot 7}{4 \cdot 7} = \dfrac{21}{28}$

$\dfrac{1 \cdot 4}{7 \cdot 4} = \dfrac{4}{28}$

$\dfrac{21}{28} = \dfrac{21}{28} > \dfrac{4}{28}$

Lösungen zu „Brüche quadrieren" (Seite 77):

25. Quadriere. Achte genau darauf, wo das hoch 2 (²) steht.

a) $\dfrac{1^2}{4^2} = \dfrac{1 \cdot 1}{4 \cdot 4} = \dfrac{1}{16}$

b) $\dfrac{2^2}{3^2} = \dfrac{2 \cdot 2}{3 \cdot 3} = \dfrac{4}{9}$

c) $\dfrac{2^2}{5^2} = \dfrac{2 \cdot 2}{5 \cdot 5} = \dfrac{4}{25}$

d) $\dfrac{6^2}{7^2} = \dfrac{6 \cdot 6}{7 \cdot 7} = \dfrac{36}{49}$

e) $\dfrac{5^2}{9^2} = \dfrac{5 \cdot 5}{9 \cdot 9} = \dfrac{25}{81}$

f) $\dfrac{4^2}{11^2} = \dfrac{4 \cdot 4}{11 \cdot 11} = \dfrac{16}{121}$

g) $\dfrac{7^2}{12^2} = \dfrac{7 \cdot 7}{12 \cdot 12} = \dfrac{49}{144}$

h) $\dfrac{8^2}{15^2} = \dfrac{8 \cdot 8}{15 \cdot 15} = \dfrac{64}{225}$

i) $\frac{11^2}{12} = \frac{11 \cdot 11}{12} = \frac{121}{12} = 10\frac{1}{12}$ j) $\frac{5^2}{9} = \frac{5 \cdot 5}{9} = \frac{25}{9} = 2\frac{7}{9}$ k) $\frac{9^2}{25} = \frac{9 \cdot 9}{25} = \frac{81}{25} = 3\frac{6}{25}$ l) $\frac{15^2}{32^2} = \frac{15 \cdot 15}{32 \cdot 32} = \frac{225}{1024}$

121 : 12 = 10 Rest 1   25 : 9 = 2 Rest 7   81 : 25 = 3 Rest 6

m) $\frac{3}{5^2} = \frac{3}{5 \cdot 5} = \frac{3}{25}$ n) $\frac{3}{8^2} = \frac{3}{8 \cdot 8} = \frac{3}{64}$ o) $\frac{4^2}{7} = \frac{4 \cdot 4}{7} = \frac{16}{7} = 2\frac{2}{7}$ p) $\frac{3^2}{5} = \frac{3 \cdot 3}{5} = \frac{9}{5} = 1\frac{4}{5}$

                                                    16 : 7 = 2 Rest 2   9 : 5 = 1 Rest 4

q) $\frac{7}{12^2} = \frac{7}{12 \cdot 12} = \frac{7}{144}$ r) $\frac{16^2}{25^2} = \frac{16 \cdot 16}{25 \cdot 25} = \frac{256}{625}$

Lösungen zu „Gemischter Bruch" (Seite 77):

26. Wandle den unechten Bruch in einen gemischten Bruch um.

a) $\frac{4}{3} = 1\frac{1}{3}$ b) $\frac{5}{2} = 2\frac{1}{2}$ c) $\frac{7}{4} = 1\frac{3}{4}$ d) $\frac{6}{5} = 1\frac{1}{5}$

4 : 3 = 1 Rest 1   5 : 2 = 2 Rest 1   7 : 4 = 1 Rest 3   6 : 5 = 1 Rest 1

e) $\frac{9}{4} = 2\frac{1}{4}$ f) $\frac{8}{3} = 2\frac{2}{3}$ g) $\frac{12}{7} = 1\frac{5}{7}$ h) $\frac{14}{9} = 1\frac{5}{9}$

9 : 4 = 2 Rest 1   8 : 3 = 2 Rest 2   12 : 7 = 1 Rest 5   14 : 9 = 1 Rest 5

i) $\frac{21}{5} = 4\frac{1}{5}$ j) $\frac{\cancel{26}^{13}}{\cancel{8}^4} = \frac{13}{4} = 3\frac{1}{4}$ k) $\frac{\cancel{33}^{11}}{\cancel{12}^4} = \frac{11}{4} = 2\frac{3}{4}$ l) $\frac{\cancel{39}^{13}}{\cancel{15}^5} = \frac{13}{5} = 2\frac{3}{5}$

21 : 5 = 4 Rest 1   13 : 4 = 3 Rest 1   11 : 4 = 2 Rest 3   13 : 5 = 2 Rest 3

m) $\frac{\cancel{45}^9}{\cancel{20}^4} = \frac{9}{4} = 2\frac{1}{4}$ n) $\frac{\cancel{56}^7}{\cancel{24}^3} = \frac{7}{3} = 2\frac{1}{3}$ o) $\frac{62}{37} = 1\frac{25}{37}$ p) $\frac{83}{3} = 27\frac{2}{3}$

9 : 4 = 2 Rest 1   7 : 3 = 2 Rest 1   62 : 37 = 1 Rest 25   83 : 3 = 27 Rest 2

q) $\frac{107}{5} = 21\frac{2}{5}$ r) $\frac{119}{\cancel{19}} = 6\frac{5}{\cancel{19}}$

107 : 5 = 21 Rest 2   119 : 19 = 6 Rest 5

Lösungen zu „Doppelbruch" (Seite 77):

27. Wandle den Doppelbruch in einen gewöhnlichen Bruch um.

a) $\frac{\frac{1}{2}}{\frac{1}{3}} = \frac{1 \cdot 3}{2 \cdot 1} = \frac{3}{2} = 1\frac{1}{2}$ b) $\frac{\frac{2}{5}}{\frac{\cancel{2}^1}{\cancel{6}^3}} = \frac{2 \cdot 3}{5 \cdot 1} = \frac{6}{5} = 1\frac{1}{5}$ c) $\frac{\frac{2}{3}}{\frac{1}{4}} = \frac{2 \cdot 4}{3 \cdot 1} = \frac{8}{3} = 2\frac{2}{3}$

3 : 2 = 1 Rest 1   3 : 2 = 1 Rest 1   8 : 3 = 2 Rest 2

d) $\frac{\frac{4}{5}}{\frac{4}{9}} = \frac{\cancel{4}^1 \cdot 9}{5 \cdot \cancel{4}^1} = \frac{9}{5} = 1\frac{4}{5}$ e) $\frac{\frac{5}{6}}{\frac{\cancel{2}^2}{\cancel{8}^4}} = \frac{5 \cdot \cancel{4}^2}{\cancel{6}^3 \cdot 1} = \frac{10}{3} = 3\frac{1}{3}$ f) $\frac{\frac{\cancel{6}^2}{\cancel{9}^3}}{\frac{3}{4}} = \frac{2 \cdot 4}{3 \cdot 3} = \frac{8}{9}$

9 : 5 = 1 Rest 4   10 : 3 = 3 Rest 1

g) $\dfrac{\frac{1}{3}}{\frac{4}{7}} = \dfrac{1 \cdot 7}{3 \cdot 4} = \dfrac{7}{12}$

h) $\dfrac{\frac{3}{8}}{\frac{2}{4^2}} = \dfrac{3 \cdot 2^1}{8^4 \cdot 1} = \dfrac{3}{4}$

i) $\dfrac{\frac{1}{4}}{\frac{8}{9}} = \dfrac{1 \cdot 9}{4 \cdot 8} = \dfrac{9}{32}$

j) $\dfrac{\frac{6^3}{8^4}}{\frac{5}{6}} = \dfrac{3 \cdot 6^3}{4^2 \cdot 5} = \dfrac{9}{10}$

k) $\dfrac{\frac{6^3}{8^4}}{4} = \dfrac{3}{4 \cdot 4} = \dfrac{3}{16}$

l) $\dfrac{\frac{2^1}{4^2}}{5} = \dfrac{1}{2 \cdot 5} = \dfrac{1}{10}$

m) $\dfrac{\frac{4}{9}}{6} = \dfrac{4^2}{9 \cdot 6^3} = \dfrac{2}{27}$

n) $\dfrac{\frac{3}{5}}{8} = \dfrac{3}{5 \cdot 8} = \dfrac{3}{40}$

o) $\dfrac{12}{\frac{3}{4}} = \dfrac{\cancel{12}^{\,4} \cdot 4}{3^1} = \dfrac{16}{1} = 16$

p) $\dfrac{5}{\frac{2}{3}} = \dfrac{5 \cdot 3}{2} = \dfrac{15}{2} = 7\dfrac{1}{2}$
  15 : 2 = 7 Rest 1

q) $\dfrac{6}{\frac{4}{9}} = \dfrac{6^3 \cdot 9}{4^2} = \dfrac{27}{2} = 13\dfrac{1}{2}$
  27 : 2 = 13 Rest 1

r) $\dfrac{2}{\frac{3}{7}} = \dfrac{2 \cdot 7}{3} = \dfrac{14}{3} = 4\dfrac{2}{3}$
  14 : 3 = 4 Rest 2

Lösungen zu „Dezimalbruch" (Seite 78):

28. Wandle den Dezimalbruch in eine Dezimalzahl um.

a) 4 : 10 = 0,4
b) 6 : 10 = 0,6
c) 9 : 10 = 0,9
d) 17 : 100 = 0,17
e) 28 : 100 = 0,28
f) 35 : 100 = 0,35
g) 54 : 100 = 0,54
h) 7 : 100 = 0,07
i) 72 : 100 = 0,72
j) 40 : 1000 = 0,04
k) 99 : 1000 = 0,099
l) 123 : 1000 = 0,123
m) 325 : 1000 = 0,325
n) 684 : 1000 = 0,684
o) 5 : 1000 = 0,005
p) 4587 : 10000 = 0,4587
q) 752 : 10000 = 0,0752
r) 1610 : 100000 = 0,0161

Lösungen zu „periodischer Dezimalbruch" (Seite 78):

29. Wandle den Bruch in eine periodische Dezimalzahl um.

a) 2 : 3 = 0,666666... = $0,\overline{6}$
b) 1 : 6 = 0,166666... = $0,1\overline{6}$
c) 5 : 9 = 0,555555... = $0,\overline{5}$
d) 14 : 33 = 0,424242 = $0,\overline{42}$
e) 3 : 37 = 0,081081... = $0,\overline{081}$
f) 16 : 99 = 0,161616... = $0,\overline{16}$
g) 5 : 6 = 0,833333 ... = $0,8\overline{3}$
h) 1 : 9 = 0,111111... = $0,\overline{1}$
i) 4 : 9 = 0,444444... = $0,\overline{4}$
j) 19 : 75 = 0,253333... = $0,25\overline{3}$
k) 103 : 370 = 0,2783783... = $0,2\overline{783}$
l) 677 : 1375 = 0,4923636... = $0,492\overline{36}$

8. Stichwortverzeichnis

A...
abgeleiteter Bruch 56
Addition 26
 - gleiche Nenner 27
 - mehrere Brüche 32
 - verschiedene Nenner 28

B...
Bruch 4
Bruchanteil 60
Bruchstrich 11

D...
Dezimalbruch 65
Dezimalbruch, periodisch 66
Differenz 34
Dividend 46
Division 46
 - durch eine Ganzzahl 47
Divisor 46
Doppelbruch 62
 - Bruch im Nenner 64
 - Bruch im Zähler 63

E...
Erweitern 13
Euklidischer Algorithmus 17

F...
Faktor 41

G...
Ganzzahl 60
gemischter Bruch 59
gleichnamig machen 28, 37
gleichnamige Brüche 57
größter gemeinsame Teiler 17

H...
Hauptnenner 19

K...
Kehrwert 46
kleinstes gemeinsames Vielfache 19
Kürzen 15

M...
Minuend 34
Multiplikand 41
Multiplikation 41, 46
 - mehrere Brüche 43
 - mit einer Ganzzahl 44
Multiplikator 41

N...
Nenner 6

P...
Periode 66
periodischer Dezimalbruch 66
Primfaktorzerlegung 20
Primzahl 20
Produkt 41

Q...
quadrieren 54
Quotient 46

S...
Scheinbruch 58
Stammbruch 56
Subtrahend 34
Subtraktion ....
 - gleiche Nenner 35
 - mehrere Brüche 40
 - verschiedene Nenner 37
Summand 26
Summe 26

T...
Teiler 20

U...
unechter Bruch 59

V...
Vergleichen 50
 - gleiche Nenner 50
 - verschiedene Nenner 52

Z...
Zähler 8
Zehnerbruch 65
Zehnerpotenz 65
Zweigbruch 56

Über die Website

Unter dem Motto „leichter Mathe lernen in der Community!" bietet dir das kostenlose Webportal mathetreff-online.de bei deinem Besuch viele Infos rund um das Thema Mathematik an. Die Inhalte sind hauptsächlich für Grund-, Haupt- und Realschüler optimiert, können aber auch für andere Schularten verwendet werden.

Die Website ist in drei große Bereiche unterteilt:

- Im Bereich **Wissen** findest du unser Mathelexikon. Damit angefangen, eine „normale" Formelsammlung für die eigene Realschule mit entsprechenden Beispielen bereitzustellen, finden sich heute über 700 Einträge von A wie Abbildungsmaßstab bis hin zu Z wie Zylinder. Als Ergänzung und „Mathelexikon2go" findest du hier auch unser umfangreiches Karteikartensystem zum Basteln.
- Im Bereich **Action** findest du Übungsaufgaben zu verschiedenen Themen zum Rechnen, aber auch Konstruktionen mit entsprechend ausführlicher Lösung. Zudem sind viele interaktive Lektionen verfügbar, die du direkt am Computer „durcharbeiten" kannst.
- In der Rubrik **Fun** kommt der Spaß nicht zu kurz. Hier findest du viele Matherätsel und Mathewitze, Quiz und online abrufbare Spiele sowie unzählige Bastelbögen, mit denen du allerlei mathematische Körper basteln kannst.

Grundsätzlich lässt sich die Website ohne Registrierung nutzen. Damit du selbst jedoch Forenbeiträge oder Kommentare schreiben kannst, ist eine kostenlose Registrierung erforderlich.

Wir freuen uns auf deinen Besuch unter https://www.mathetreff-online.de!

Einfach nebenstehenden QR-Code scannen und hinsurfen! Ich freue mich auf dich!